学/者/文/库/系/列

面向可重构计算系统的
软硬件划分技术研究

牛晓霞　朱若平　著

哈尔滨工程大学出版社
Harbin Engineering University Press

内容简介

本书以现场可编程门阵列的面积作为约束条件,以系统整体性能作为优化目标,设计了一种面向中央处理器/现场可编程门阵列的可重构加速系统的软硬件划分框架,通过对该框架三大模块的深入研究,确定了程序片段是放在中央处理器上还是放在现场可编程门阵列上运行,并且对被选中放在现场可编程门阵列上运行的每个程序片段可能的多个硬件版本进行了确定。

本书可作为高等院校计算机专业的教材,也可作为该领域研究人员的参考书。

图书在版编目(CIP)数据

面向可重构计算系统的软硬件划分技术研究／牛晓霞,朱若平著. -- 哈尔滨:哈尔滨工程大学出版社,2024. 9. -- ISBN 978-7-5661-4396-9

Ⅰ. TP307

中国国家版本馆 CIP 数据核字第 2024HV5822 号

面向可重构计算系统的软硬件划分技术研究
MIANXIANG KECHONGGOU JISUAN XITONG DE RUANYINGJIAN HUAFEN JISHU YANJIU

选题策划	宗盼盼
责任编辑	章 蕾
封面设计	李海波

出版发行	哈尔滨工程大学出版社
社　　址	哈尔滨市南岗区南通大街 145 号
邮政编码	150001
发行电话	0451-82519328
传　　真	0451-82519699
经　　销	新华书店
印　　刷	哈尔滨市海德利商务印刷有限公司
开　　本	787 mm×1 092 mm　1/16
印　　张	9.25
字　　数	170 千字
版　　次	2024 年 9 月第 1 版
印　　次	2024 年 9 月第 1 次印刷
书　　号	ISBN 978-7-5661-4396-9
定　　价	59.80 元

http://www.hrbeupress.com
E-mail:heupress@ hrbeu. edu. cn

前　　言

　　基于现场可编程门阵列的可重构计算系统兼有通用处理器的灵活性和现场可编程门阵列的高效性,被广泛应用于高性能计算领域。一个高效率的软硬件划分算法能够将应用程序自动而有效地分配到通用处理器和现场可编程门阵列上,可以使两种运算部件最大限度地发挥出各自计算模式的优势,因此,对软硬件划分的研究正逐渐成为可重构计算系统领域的研究热点。

　　纵观国内外研究现状,对软硬件划分的研究已经取得了很多成果,但仍存在亟待解决的问题。在前人工作的基础上,本书以现场可编程门阵列的面积作为约束条件,以系统整体性能作为优化目标,设计了一种面向中央处理器/现场可编程门阵列的可重构加速系统的软硬件划分框架。该框架的主体由三大主要功能模块组成,在每个模块中,分别对应用程序片段在中央处理器和现场可编程门阵列上实现时的花费代价进行了估计,并对软硬件划分算法等关键技术进行了深入研究,希望上述框架不仅能够确定程序片段是放在中央处理器上还是放在现场可编程门阵列上运行,并且能对被选中放在现场可编程门阵列上运行的每个程序片段(如循环)可能的多个硬件版本进行确定,以得到尽可能佳的划分解决方案。

　　本书共分为6章。第1章为绪论,第2章为基于CPU/FPGA可重构加速系统的软硬件划分框架,第3章为软件运行代价及软硬件间通信代价的估计算法,第4章为硬件实现代价的估计算法,第5章为带有硬件多版本探索和划分粒度优化再选择的软硬件划分算法,第6章为基于Q学习算法的改进软硬件划分算法。

　　由于著者水平有限,书中难免存在错误之处,恳请广大读者批评指正。

著　者

2024 年 6 月

目　　录

第1章　绪　　论

1.1　研究意义和背景

随着半导体制造工艺的进步,具有高密度逻辑、大量存储资源与大量计算资源的现场可编程门阵列(field-programmable gate array,FPGA)迅速发展,单芯片上可以快速实现的逻辑功能越来越多。基于 FPGA 的可重构计算系统(reconfigurable computing systems, RCS)以其兼顾通用处理器(general purpose processor,GPP)的灵活性和 FPGA 的高效性,在多媒体、信号处理、可扩展标记语言(extensible markup language,XML)、游戏、移动计算等领域中被广泛设计与应用。可重构编译系统能够自动检测出程序中适合可重构硬件执行的代码片段,并将该代码片段转换为等价的硬件电路,同时能够提供软硬件部件接口支持的编译系统。在可重构编译系统中,高效率的软硬件划分技术能够将应用程序有效地分配到 GPP 和 FPGA 上,使两种运算部件能够各自发挥其自身的计算模式优势,大大提升整个程序的系统性能。

可重构计算系统的主要目标是将具有可"编译"特性的 FPGA 作为可重构计算引擎,高效并行地执行应用程序中计算密集的部分,将可重构逻辑器件本身潜在的并行运行能力转化为超级计算能力,为高效能计算提供硬件支持;使用具有灵活性特征的 GPP 协同与控制 FPGA 完成计算任务,为高效能计算提供软件支持。面向可重构计算系统的高级语言编译器与高效的基于 FPGA 的综合技术相结合,形成了一种完整的混合 GPP 和 FPGA 实现的设计方法,使得系统设计者可以采用高级编程语言,在基于 FPGA 的平台上开发高并行性的系统。在这种设计方法中,采用高效率的软硬件划分将应用所需完成的功能有效地分配到 GPP 和 FPGA 上,可以使两种运算部件发挥各自计算模式的优势。因此,对软硬件划分的研究正逐渐成为可重构计算系统设计的研究热点之一。研究面向基于 FPGA 的可重构混合系统的软硬件划分算法对于充分发挥可重构混合系统的结构优势、构建灵活高效的可重构混合系统是十分重要的。

早期,软硬件划分主要依靠人工来完成,设计人员根据经验可以得出近似最优的划分。但是由于软硬件划分工作烦琐且具有相当的难度,对于较复杂的应用,设计人员很难在手工划分时评估系统各项指标,另外实现对可重构计算系统资源的有效利用,还需同时使用软硬件编程语言分别编码,并考虑可重构、软硬件通信等细节问题,这些都要求设计人员必须具备丰富的开发经验和较高的专业素质,也必然抬高了进行可重构系统设计的门槛。软硬件自动划分算法能够进行设计空间探索和系统优化,可节省人力和物力,因此研究软硬件自动划分技术是十分必要的。

本书来自嵌入式系统方向的面向基于 FPGA 的细粒度可重构混合系统的编译技术研究项目(application-specific compiler for reconfigurable architecture,ASCRA),以 CPU+FPGA 的可重构加速系统为目标系统结构,对 C 程序中适合硬件执行的部分进行加速。ASCRA 以美国伊利诺伊大学开发的底层虚拟机(low level virtual machine,LLVM)作为编译前端,利用 C 程序对应的 LLVM 中间代码作为编译器输入程序,包括软硬件自动化划分、超高速集成电路硬件描述语言(very-high-speed integrated circuit hardware description language,VHDL)程序的自动生成、软硬件通信接口程序自动生成等部分,最终产生了可以协同工作的硬件 VHDL 和软件 C 程序。

1.2 可重构计算系统概述

早在 20 世纪 60 年代,计算机还是电子管计算机,当时的计算机只能用来求解部分算法,为了解决这些受限计算问题,美国加利福尼亚大学的 Geraid Estrin 教授第一次提出了可重构计算系统的原始概念:固定+可变结构计算机(fixed plus variable/F+V structure computer)。20 世纪 80 年代中期,Xilinx 公司第一款基于静态随机存储器 SRAM 的 FPGA 的问世,将一些拥有编程能力的特殊硬件加入计算平台中,通过硬件可编程,针对不同的计算任务定制不同的电路,来自适应计算任务的需求,以期达到整个计算平台的最佳性能。至此,大家才开始更广泛、更深入地研究可重构计算的理论和技术,这可谓是现代可重构计算的开端。

可重构计算（reconfigurable computing）或称自适应计算（adaptive computing）、基于 FPGA 的定制计算（custom computing），泛指有可重构器件参与的计算，器件的可重构特征体现在芯片或系统内部逻辑单元及逻辑单元间互联的可编程性。通过配置逻辑单元功能及单元间联结关系，将应用映射到器件上；通过对逻辑单元及联结关系的再配置来完成应用间的切换。可重构计算没有严格定义，目前学术界普遍接受的一个定义是：使用集成了可编程硬件的系统进行计算，该可编程硬件的功能可由一系列定时的物理可控点来定义。从该定义可以看出，可重构计算不是靠改变计算机体系结构来实现特定算法，而是通过对特定可重构加速单元（reconfigurable acceleration unit，RAU）来实现的。

目前，可重构计算逐渐拓展为一种可重构混合计算系统的基本结构，其主要由 RAU 和 GPP 两部分构成，其中，基于 FPGA 的 RAU 主要负责加速应用中计算密集的部分，GPP 主要负责协同与控制 RAU 完成计算任务。

1.2.1 基于 FPGA 的可重构计算系统

可重构计算系统的出现在很大程度上要归功于以 FPGA 为代表的可重构硬件的发展。FPGA 设计之初仅作为一种半定制的专用集成电路（application specific integrated circuit，ASIC）出现，片上资源稀少，仅能用于实现诸如芯片间黏合逻辑的简单逻辑，基本无法实现浮点运算。而随着 FPGA 芯片制造工艺的不断进步，FPGA 芯片从 180 nm 到 130 nm，再到 90 nm、65 nm 和 45 nm，直到 2009 年，Altera 公司宣布开始批量销售 40 nm 的 FPGA 芯片，极大地提高了可重构器件的计算能力。FPGA 芯片上提供的许多专用的算术模块、大量逻辑资源与存储资源、外围输入/输出（input/output，I/O）端口及网络接口，为构建高性能的可重构计算系统提供了有利条件，其低功耗、扩展灵活、高速并行等特性为高效能计算提供了硬件支持。

与较小的可编程器件，如可编程逻辑器件（programmable logic device，PLD）不同的是，FPGA 是标准器件，不是为了某一个特定功能设计的，使用者可以用它们进行特定目的的编程。另外 FPGA 内部的逻辑模块可以连接成任意深度的网络。FPGA 主要由三部分构成：组合逻辑、连线、I/O 引脚。这三部分共同构成 FPGA 的体系结构。其中组合逻辑可分为相对较小的单元——逻辑器件或组合逻辑器件。逻辑器件的连接采用可编程互连结构，互连结构在逻辑上可能形成通道或者其他单元。FPGA 通常会根据组合逻辑模块间的距离,来决定要采用什么样的互连类型把它们连接起来,这些互联网络还要给自身提供时钟信号。I/O 引脚构成了 I/O 模块(input/output block,IOB),它们通常作为可编程的输入或输出,具有低功耗、高速连接的特点。现代 FPGA(图 1.1)还整合了各种专业资源,如存储器(如 Virtex 5 系列 FPGA 上的块存储器 RAM)、乘法器 Multiplier/数字信号处理器(digital signal processor,DSP)(如 Virtex 5 系列 FPGA 上的 DSP48E)等,从而进一步提高 FPGA 的计算处理能力。

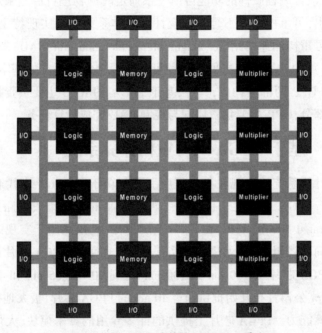

Logic—逻辑;Memory—存储器;Multiplier—乘法。

图 1.1　FPGA 结构

　　FPGA 的主题是基本可编程逻辑单元,通过改变基本可编程逻辑单元的配置和连接可以实现不同功能的逻辑电路。不同厂商的 FPGA,甚至同一厂商的不同系列的 FPGA 的基本可编程逻辑单元都有所不同。当前主流的 FPGA 以 Xilinx 公司和 Altera 公司为代表,无论是 Xilinx 公司,还是 Altera 公司,或者其他厂商的主流产品,现代的 FPGA 中都有大量可配置的嵌入式块存储器 BRAM,以专用硬核 IP 的形式分布在 FPGA 芯片上。这些 BRAM 可以被配置成单口、真双口、伪双口或简单双口的随机访问存储器 SRAM,也可以被配置成内容地址存储器 CAM 和先入先出存储器 FIFO 等结构。BRAM 配置成不同的 RAM 时,还可以根据所处理数据的位宽和规模对 RAM 的位宽、深度进行配置。大量的 BRAM 可以为设计提供高访存带宽,并行访存能极大地提高性能。Xilinx 公司的 FPGA 中,所有 BRAM 规格一样,均匀分布在芯片上。Virtex 5 系列 FPGA 的 BRAM 大小为 36 KB,可配置的最大位宽为 72 bit,可运行频率达到 550 MHz。而 Altera 公司的 FPGA 中,对 BRAM 的使用比较灵活。

对于硬件系统设计来说,设计抽象是非常关键的。硬件设计者使用多级的设计抽象来控制设计过程,以确保实现主要设计目标,如速度和功耗。FPGA 的设计抽象级别如图 1.2 所示。

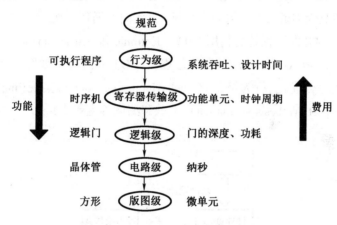

图 1.2 FPGA 的设计抽象级别

1. 行为级(behavior)

详细描述芯片该做什么而不是如何去做,且是可执行的,例如,C 程序可以用于行为级描述。C 语言无法模拟芯片时钟周期的周期行为,但能详细描述需要计算的量、错误以及边界条件等。除了 C 语言外,硬件设计的描述方法还有硬件描述语言和原理图输入两种方法。自动化编译工具一般将算法描述语言转换成硬件描述语言。

2. 寄存器传输级(register-transfer)

系统的时间行为是完全指定的,因为虽然已知每个时钟周期内允许的输入和输出值,但是逻辑不是用门电路指定的。系统以布尔函数形式存储在抽象存储单元中。由布尔逻辑函数只能得到不确定的延迟和面积估计。

3. 逻辑级

系统是根据布尔逻辑门、锁存器和触发器来设计的。现在可知很多有关系统结构的信息，但是延迟仍然无法精确计算。

4. 配置级（configuration）

逻辑必须被置于 FPGA 的逻辑单元中，并在它们之间建立正确的连接，这些重要的步骤由布局、布线完成。

设计总要求从最顶层一步一步向下抽象，再从最底层一步一步向上对抽象进行描述。很明显，设计工作从对设计抽象添加细节开始，以自顶向下（top-down）的设计增加功能细节，以自底向上（bottom-up）的分析和设计在返回高一级的设计抽象前获取成本信息。在完成整个设计之前，通过以往经验就可以估计成本，但是大多数设计需要自顶向下-自底向上循环几次。

FPGA 的开发流程就是利用 EDA（electronic design automation）开发软件和编程工具对 FPGA 芯片进行开发的过程。FPGA 开发流程如图 1.3 所示，包括功能设计、综合优化、行为级仿真（behavioral simulation）、实现（implement）、综合后仿真（post synthesis simulation）、下载和测试等主要步骤。

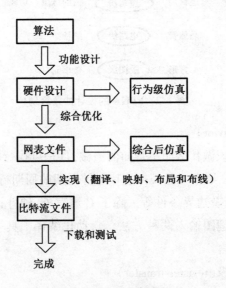

图 1.3 FPGA 开发流程

1.2.2 软硬件协同工作的可重构混合计算系统

FPGA 的出现使过去传统意义上的硬件和软件的界限变得模糊。传统硬件是指计算机的物理实现，一般是一些电子电路的集合，也有可能是一些机械元件。简单地说，它是可感知的实物，如一台由逻辑门（与、或、非门）组成的组合电路实现的集成在电路板上的计算机。硬件是可见的，其设计占据了有形的空间。硬件的另一特点就是所有元件同时工作。如果输入发生了变化，那么电路中的改变会以一种可以预知，但并不一定同步的方式遍及整个系统。然而传统软件却是信息，并且在物理世界中不显现自己。软件是描述机器行为的一种规范，一般用一定的编程语言（如 C、MATLAB 或者 Java）进行编写。这一期望的机器行为的表示称为程序。

基于 FPGA 的可重构系统中一些作为"硬件"的元件实际上是以软件的形式写出的，即该元件是用来规范器件如何配置的。实际的物理硬件是 FPGA 器件自身。因此，为了代替前面所给出的传统意义上的硬件的定义，R. SaSS 等用基于执行的模型来区分系统中的硬件和软件元件。传统软件的特点是顺序执行，而硬件执行模型是非顺序的，换言之，软件是借由一块处理器执行的规范，而硬件是借由 FPGA 架构执行的规范。

顺序执行模型通常被称为冯·诺依曼存储程序计算模型。而非顺序执行模型与顺序执行模型有明显的差别，它没有通用的控制器来控制操作的顺序处理，也没有显示的已经命名且已固定的电路进行时分复用，这种并行模型通常被称为执行的"数据流模型"，因为它是数据流的直接实现。显然，对于同一段运算操作，数据流模型要比顺序模型所用的时钟周期数少，但需要注意的重要一点是并不能通过对比时钟周期数来确定这两种计算模型速度的快慢——它们各自的时钟频率是不一样的。一个典型的 FPGA 的时钟周期要比使用相同技术实现的处理器的时钟周期长 5~10 倍。这些对估算两种模型的性能来说是非常重要的。

综上所述，在软硬件协同设计的可重构计算系统中，处理器（如 CPU 或者微处理器）是实现顺序执行模型的硬件，而软件运行于其上。硬件是用于配置 FPGA 而不是使用顺序执行模型的规范。在 CPU/FPGA 的可重构混合计算系统中，CPU 以实现算法无关的基本运算为目标，具有很强的通用性。本质上 CPU 是一个顺序模型，在很大程度上牺牲了算法的并行性。FPGA 以数据流为中心的编程模式可以按照算法原有的结构进行计算,可以充分发掘出算法的并行性,具有很高的计算性能、很好的算法加速能力及发展潜质。同时受益于FPGA低功耗的特性,可以在系统中采用更多的FPGA单元以获得更高的并行性。FPGA与CPU构成的异构系统有着较高的计算能力与应用前景,是一个充满挑战的新兴领域。

可重构编译器的主要工作是将高级语言程序编译成可重构体系结构,这些可重构编译器的共同点是用高级语言或自定义语言实现的应用映射到可重构设备上去,不同点是所使用的技术方案(如面向的高级语言、粗粒度和细粒度、并行优化技术等)不同。最早期的可重构编译工作OCCAM程序,将高级语言简单、直接地翻译成硬件结构。PRISMI-II是最早基于C语言子集进行编译的系统,且其编译的目标为软件和可重构组件,并且进行了底层的优化(门级或逻辑级)。Schmit等首次使用了高层次综合(high-level synthesis,HLS)工具链来完成编译工作。他们采用基于行为和结构进行硬件空间划分的方法来实现编译。早期的可重构编译工作主要是探索性的,一般是直接翻译,面向提高系统运行并行的优化工作较少,且针对性较强。

经过了早期的探索,可重构编译器的发展开始出现了面向高级语言的可重构编译,如C、Java、MATLAB等,经过编译可直接将其生成可重构体系结构,这些编译器大都可以实现针对特定硬件产生行为级的寄存器传输层(register transfer level,RTL)-硬件描述语言(hardware description language,HDL)描述,然后再利用HLS或者其他综合工具实现硬件电路。这类编译器的研究首先在学术界出现,之后在工业界也出现了相应的产品。这类编译器的研究实现主要有两种方法:一种是基于组件的方法,另一种是基于HLS的方法。例如SPC(SUIF pipeline compiler)编译器采用自动向量机技术对C语言程序中选定的循环进行硬件流水综合。SPC分析程序里的所有循环,特别是最内层的循环体,要求不能有不规则的循环递进依赖。SPC综合生成地址生成单元用于访问程序中的数组元素、移位寄存器,实现了数据的重用,在满足资源限制的前提下尽可能提高程序运行的并行性。SPC还做了一些存储分配和访问方面的优化工作。另外,SPC还可以将一些递归程序映射为迭代结构体,前端还支持并行化注释以实现任务和数据的划分。

基于面向对象语言程序的可重构编译器主要面对C++和Java两种语言,Galadriel编译器可以将Java的字节码映射到NENYA可重构计算平台上。SC (sea cucumber)使用标准的 Java 线程模型来识别任务级或者粗粒度级并行,线程内部基于对数据流和控制流的分析实现细粒度级并行。二者都是早期的面向 Java 程序的可重构编译器,能够将 Java 程序转换成 FPGA 电路。面向 Java 语言硬件加速的研究较为广泛,但是,以上研究都需要重新编写 Java 应用,无法将已生成的 Java 应用方便地移植到可重构混合计算平台上。面向 Java 字节码加速 Java 应用无须重新编写应用程序,但是,该方向的硬件透明化加速研究还处于初期阶段。

面向 FPGA 的可重构编译器主要设计思想是:在给定硬件平台资源约束的前提下,将输入编译框架的程序编译成满足硬件资源约束的系统运行时间最短的软硬件协同工作体系。经过对目前开源的支持可重构编译的技术选型分析,本书选择基于 LLVM 来实现编译框架的核心功能,所实现的功能模块以 LLVM 的 pass 形式存在。

LLVM 是一个模块化可重用的编译器和工具链集合,起源于伊利诺伊大学的一个研究项目,该项目的研究目标是提供一种基于 SSA(static single-assignment)能够支持静态和动态编译与任意编程语言的编译策略。目前的 LLVM 4.0.0 版本的功能模块包括 LLVM 核心库、Clang 编译器、dragonegg、LLDB、libc++ 和 libc++ ABI、cmmpiler-rt、OpenMP、vmkit、polly、libclc、klee、SAFECode、lld 共 13 个功能模块,用于实现编译过程中的代码映射、分析、优化、测试、链接等功能。LLVM 的主要特点如下。

(1)前端基于 GCC 分析器,支持 C、C++等语言的输入。

(2)实现了使用严格语法定义的低级语言 LLVM 指令集。

(3)是一个功能较强的 pass 管理系统,能够依据依赖关系自动序列化和流水化 passes(包括分析、变换和代码生成)。

(4)能够提供广泛的全局标量优化,支持标量、进程间、profile 驱动和一些简单的循环优化技术。

(5)提供链接时进程间的优化框架。

(6)支持众多流行 CPU 的代码生成器,提供支持多种流行 CPU 的 just-in-time 代码生成系统。

(7)支持 C 语言后端,用于测试和生成目标平台的本机代码。

(8)提供类似 gprof 的 profiling 系统。

(9)提供包含大量测试集和应用的测试框架。

（10）提供大量 API 和调试工具集，以简化 LLVM 组件的快速开发。

（11）支持垃圾代码准确去除。

（12）有较好的项目相关文档支持且开源，一直在被拓展和改进，如目前正在开发 Java 等面向对象语言的输入支持。

LLVM 对编译过程提供了较好的技术支持，如丰富的工具链、库函数、指令集以及运行机制等，因此本书选择基于 LLVM 实现了编译框架的核心功能。

1.3　软硬件划分技术的发展与现状

软硬件划分是指将应用程序分解为两部分，一部分以硬件实现，另一部分在处理器上作为软件运行。分配到软件上的应用程序（在处理器上）顺序执行，而映射到硬件上的应用程序以自定义组合或时序电路的方式实现。在最理想的情况下，由于硬件执行速度是软件的好几倍，整个应用程序应该在硬件逻辑器件上实现。但是由于硬件成本和规模的限制，大型应用程序全部在硬件上执行是不现实的，因此设计人员提出了将软件和硬件结合在一起的解决方案。软硬件结合形成的设计空间探索被称为软硬件协同设计。软硬件协同设计来源于嵌入式系统设计研究。在嵌入式系统中，设计人员常常增加一个自定义硬件的微处理器来提高系统性能。近期，软硬件系统的潜在性能、强大的可重构逻辑平台的迅速发展，使得 GPP 结合可重构处理器的架构备受关注。许多商家和学术平台已经在一个芯片上包含了微处理器和可重构逻辑器件。

当混合软硬件系统被广泛应用时，快速、简易地对混合软硬件系统进行编程是至关重要的。在理想的情况下，混合应用系统设计应该和传统微处理平台设计同样简单。没有一个简单的设计方法，设计人员将陷入过于复杂的实现和验证周期中，系统性能将受限于长期上市时间。因此平台设计人员通常使用单一的描述语言，如高级编程语言来描述软硬件系统。

将系统描述（system specification）划分为软件和硬件两部分称为软硬件划分。系统描述的划分影响到解决方案的质量，硬件的面积和开销、功耗等。系统划分通常在设计流程的高层，因此划分所需要的系统特征只能靠估计得到。划分的系统特征被用来赋值给成本函数（cost function），成本函数评价划分的整体质量。因此,设计空间探索的目标是追求最高质量的系统划分(例如,在任意的约束下,软硬件划分使开销函数最小化)。

下面概述软硬件划分及其与嵌入式和可重构系统研究的连接。首先介绍一般的划分问题,然后详细介绍在过去几十年中软硬件划分问题的解决方案。

1.3.1 一般软硬件划分

划分是一个基本的计算机辅助设计(computer aided design,CAD)优化问题,它可以在数字系统综合过程的各个抽象层使用,包括电路层、逻辑层、寄存器传输层和系统层。划分问题是对于给定的具有互连关系的模块集合,尝试排列组合,目标是满足一系列的约束条件并优化一些设计变量。在物理综合(电路级)阶段,划分可应用在布局、布线任务中。在这种情况下,模块是指连成网的门电路,划分目标是将连接紧密的门电路划分到一起,减少门电路间的互连延迟。对于更高抽象级的层次,模块从标准单元变为逻辑层的宏单元,甚至为系统层的基本块。相对于低级抽象层,高级抽象层的划分对整个系统的性能有着更加显著的影响。如果设计人员没有在系统层进行很好的划分,不管低级层次具有多么强大的优化,都不能再对性能进行很好的改善。另外,高级抽象层的互连延迟更加明显,两个基本块之间的延迟是两个标准单元间延迟大小的几个数量级的倍数。软硬件划分存在于数字系统设计的系统层,一个好的系统划分对于保证整个电路的总体质量是必不可少的。

K 路划分是所有划分问题的基础,给定一模块集合 $M = \{m_1, m_2, \cdots, m_n\}$;$K$ 路划分问题是寻找到一簇集合 $P = \{p_1, p_2, \cdots, p_k\}$,且 $p_i \subseteq M, \forall i \in (1, k)$,$\forall j \in (1, k), i \neq j, \bigcup_{i=1}^{k} p_i = M, p_i \cap p_j = \varnothing$。划分解决方案必须在满足一系列约束条件下,优化目标函数。目标函数和约束条件依据问题的类型不同而不同。$k = 2$ 时的划分问题称为二元划分。

划分必须使用某种形式的评估函数进行评估。评估函数 $E(P) = DP(dp_1, dp_2, \cdots, dp_q)$ 针对一个划分 P 输出一系列的设计参数 DP,设计参数是电路的属性,如面积、功耗、吞吐量、延迟等。评估函数告诉我们划分是否满足约束条件,并评估优化函数。评估函数是非常重要的,尤其在系统层。理想的评估函数贯穿整个数字系统综合过程。然而,这是一个非常耗时的工作,一个大型设计可能需要花费几天时间完成全部综合过程,当我们评估大量的划分时,这显然是非常不现实的。因此划分的质量直接依赖于评估函数的精度。

目前存在许多模型和启发式算法解决划分问题。Alpert 和 Kahng 综述了解决网表中划分问题的算法,Ryan Kastner 综述了软硬件系统划分的算法。下面将对软硬件划分的发展和现状进行详细介绍。

1.3.2 软硬件划分初始解决方案

软硬件协同设计来源于嵌入式系统设计研究。尽管嵌入式系统研究人员并没有使求解划分问题过程自动化,但在早期研究中频繁提到一个好的系统划分应该具有的特征。卡内基-梅隆大学的研究人员描述了一类系统协同设计方法,即从软件应用程序中抽取出一部分代码放在硬件上实现,目标是加速软件应用程序的执行。他们提出的划分在一个粗粒度任务级,而不是在细粒度指令级,并且没有描述具体的划分算法,但提出了三个标准评价任务粒度级别的划分质量:划分对整个系统执行时间的影响;给定任务,在软件上和在硬件上执行时间的对比;定制硬件实现一个任务需要的开销。加利福尼亚大学伯克利分校的 Ptolemy 项目组也开发了一个协同设计方法和框架,该方法同样需要手动划分,没有实现自动化。(随后,该项目组成员 Kalavade 和 Lee 开发了自动划分技术,并且解决了划分问题的延伸问题。)

Gupta 和 DeMicheli 提出的划分算法是最早自动探索软硬件划分设计空间的算法之一。该算法在指令级粒度上进行,本质上是贪婪的。初始解决方案是所有功能任务在硬件上实现,然后启发式算法根据通信开销选择移动到软件上执行操作,若移动没有改善目前划分系统的性能,或者违背了给定的约束条件,则取消该次移动。启发式算法迭代地改进划分,直到没有性能提升。初始状态之所以选择在硬件上实现所有的功能,是因为这样可以确信划分的可行性。(初始硬件实现所有功能的解决方案可以满足系统的性能约束,从这一观点来看,将操作移动到软件实现是满足性能约束的,这才容易被人接受)。Gupta/DeMicheli 算法的假设是:大多数函数间的通信发生在连续操作之间,因此,如果一个操作从硬件移动到软件,那么此操作的后继操作将被优先考虑为移动的候选者。

由于 Gupta/DeMicheli 算法的贪婪性,它的结果不能够增加系统的短期开销,也不能使长期开销最小化,该算法很容易陷入局部最小值。因此,出现了次优(sub-optimal)划分解决方案。另外,因为该算法初始选择在硬件上实现所有功能,其消耗了很多硬件资源。(如果开发出所有降低成本的移动,那么该设计是可以被接受的,但该算法往往在硬件面积减少到一个可以接受的数量之前就结束了。)为了解决初始开发的限制,Ernst 和 Henkel 开发了爬山启发式算法,如模拟退火算法。

Ernst 和 Henkel 开发的爬山启发式算法,目的是最小化所用硬件资源数量,同时满足一系列的性能约束。他们的划分粒度是基本块,比 Gupta/DeMicheli 的划分粒度粗。和 Gupta/DeMicheli 算法一样,爬山启发式算法从初始化划分开始,然后不断改善初始化划分。然而,为了避免收敛到局部最小,他们利用模拟退火算法。与贪婪算法不同,模拟退火算法可以接受降低设计质量的改变,只要最终能够实现一个最理想的设计。模拟退火算法受温度的控制,初始一个最高值,然后温度逐渐降低直到系统冷却并稳定下来。初始状态,当温度很高时,接受将改善系统质量的移动,偶尔也接受会降低系统质量的移动,而当温度为 0 ℃时,只接受那些减少系统开销的移动。Ernst 和 Henkel 将初始状态改变为所有操作在软件上实现的划分,以使硬件开销最小。显然,他们的初始划分违背了系统的性能约束。为了防止到达满足性能的划分之前退火,他们使用了一个占权重很大的惩罚函数,惩罚违背实时约束的划分。这些措施可以有效地减少硬件开销。Ernst 和 Henkel 利用仿真与 profiling 信息来确定频繁执行及高计算密度的代码区,以提供硬件实现的性能增加评估。

Peng、Kuchcinski 的早期工作与 Ernst 和 Henkel 的工作类似,也是利用模拟退火算法得到一个最优划分算法。该算法针对更一般的多路划分,将系统划分为多个簇,并采用 Petri Net 模型表示使用的组件和通信。每个节点的权重表示构建这一组件的开销,边的权重表示实现数据通信的开销。划分的目的是将 Petri Net 模型分解为一系列的子图,使得所有切割边的权重之和最小。尽管他们的工作在一般系统划分上有应用环境,但是缺乏系统性能的直接表示,并且没有特定的硬件最小化技术。

Vahid、Gong 和 Gajski 在前人工作的基础上,将粗粒度的任务集划分到软件和硬件上。任务粒度类似于控制结构,如循环和函数体。划分的目标和之前提到的软硬件划分问题密切结合。他们描述了一个名为 PartAlg 的基于爬山启发式的算法,算法接受性能约束和最大硬件规模的输入集。每一个可能的设计都有一个成本函数的权重,该权重等于实时性能和硬件面积违背的权重之和。换句话说,每一次违背性能约束和每一次对投入最大的硬件规模的违背都会影响设计的成本函数。他们假设存在一个硬件面积大小的限度,超过这个值,PartAlg 解决方案的设计成本等于零(这样满足性能约束,硬件面积约束也足够大)。基于这个假设,采用一个嵌套循环算法的解决方案。输入不同的硬件规模,外部循环是一个内部循环的 PartAlg 的解决方案成本的拆半查找。当划分返回一个 0 开销设计,就是找到一个最小的硬件规模。这个硬件规模是满足系统性能要求的最小的硬件划分。相对于 Gupta/DiMicheli 算法和爬山启发式算法,尽管这个算法减少了整体硬件面积,但是算法执行时间很长,主要原因是要重复执行大概 $\log n$ 次改进算法,采用粗粒度可以减少算法的运算时间,但是也可能导致划分质量的下降。

1.3.3　启发式算法的改进和加强

随后的模型和启发式算法通常是改善上述提到的算法。下面将简述几种常用的改善算法。

软硬件划分问题可转换成一系列整数规划约束。硬件协处理器的开发和创建被分为两个阶段:第一阶段估计每一个功能节点的调度时间以解决传统的软硬件划分问题,第二阶段产生一个正确的调度映射节点的算法。整数规划是灵活的启发式算法之一,因为它占用了多个微处理器的硬件共享和接口成本。另外,高级综合调度保证了系统执行时间约束。这是最理想和最佳的解决方案之一,用于较好的度量使用,算法的执行也是合理的。

Kalavade 和 Lee 引入了 Ptolemy 项目,尽管该项目没有自动的启发式算法,但使用 Global Criticality/Local Phase(GCLP)算法解决了粗粒度软硬件划分问题。本书使用两个可能的目标函数:最小化执行时间和最小化软/硬件面积,开发了一个全局临界测量法,在算法每一步重新评估时间或者面积是需要考虑的关键点。遍历功能任务列表,全局临界测量法确定目前的设计需求。如果时间是关键的,算法则映射能够最小化时间的任务,否则映射最小化开销的任务。除了满足全局系统需求外,还可以通过分类探索局部最优:极端任务(消耗大量的资源)、反射任务(可以在软件上实现或者在硬件上实现)和普通任务。GCLP算法是一种非常有效的算法,其划分结果比最优解仅差约 30%。(Kalavade 和 Lee 简述并尝试解决了软硬件划分的扩展问题,同时也决定了一个任务应该由软件还是硬件来执行,以及对于任务在硬件实现上速度/面积的折中。这部分工作的重点主要是高层次硬件综合中 GCLP 问题的延伸。)

与 Kalavade 和 Lee 将动态性能度量应用到划分类型中不同,Henkel 和 Ernst 将目前的工作应用到一个小型的嵌入式系统软硬件协同研究平台 COSYMA 环境中,以研究动态划分粒度。尽管他们早期的工作限制在基本块粒度,但他们新的划分算法允许细粒度任务的动态群集为较大的操作单元(如大到子过程级)。使用灵活功能粒度的合理性在于大量的划分对象应包含控制结构(循环体或者程序体的形式),而存在少量的需要移动来确定一个好的划分。本书在探索设计空间上创新,并应用到早期的模拟退火算法中。

作为模拟退火算法改进的另一个方案,Vahid 和 Le 改善了 Kernighan-Lin (KL)电路划分启发式算法来探索软硬件划分的设计空间。KL 算法的主要优势是克服局部极小的能力,并且不需要过多的移动。KL 算法的基本策略是交换不同划分的节点,然后锁定这些节点,直到所有的节点都被锁定。从这个集合中选择最优的划分 bestp。所有的节点被随后开锁,目前的 bestp 变成下一次节点交换的开始节点。交换,锁定,bestp 的选择,然后所有的解锁和循环继续指导没有改善之前的 bestp 存在。Vahid 和 Le 使用执行时间/面积/通信的结合度量更换了 KL 算法的评价函数,并且将原来的移动中定义为划分中功能节点的移动,将下一个移动选择的执行时间减少为常数。该算法通过以上途径达到了与模拟退火算法近似的效果,但是由于考虑了子程序级的任务节点,该算法减少了一个数量级的执行时间。

1.3.4 可重构系统的软硬件划分

可重构硬件的发展及其在 FPGA 上的实现,促进了软硬件协同设计平台和框架的进一步发展。FPGA 已经从原来的小而定制的硬件发展到能够存储超过 100 万以上逻辑门的大容量低成本器件,非常适合用作协处理器硬件。可重构器件的灵活性和可编程性使得可重构系统可以更加个性化地提高应用程序的性能。许多研究显示,相对于通用计算机和实时嵌入式系统,可重构器件具有更高的性能,大量基于可重构器件的处理器、硬件框架及设计平台已经迅速发展起来。

基于可编程器件的可重构系统具有强大的潜在性能,有必要针对可重构系统的特点构建相应有效的软硬件划分策略。可重构器件可以分为两类:运行时可重构(run-time reconfigurable,RTR)器件和半静态可重构器件(semi-static reconfigurable device)。运行时可重构器件是指在应用程序执行的时候,具有改变应用程序的功能。半静态可重构器件是指具有不能在应用程序执行的时候改变应用程序的功能,但可以在不同应用程序的执行之间改变的功能,或者在同一应用程序的后续执行之前改变的功能。这个可重构器件的分类不同于真实使用的 FPGA 类型。实际上,单个 FPGA 可用来当作半静态可重构器件使用,也可用作运行时可重构器件使用。

基于半静态可重构器件的软硬件划分问题和基于嵌入式系统的软硬件划分问题没有太大的区别。对每个应用程序的执行,一个不同的划分分配到硬件和软件组件上可能都需要配置到系统上。然而,将应用程序划分为软硬件两部分可以由任意的启发式算法实现。

然而,在包含一个处理器和一个或多个动态运行时可重构器件的结构中,划分问题的性质改变了,不但需要考虑空间划分,还需要考虑时间划分。软硬件划分问题必须满足面积限制(在任何时间所需的 FPGA 配置的大小)和性能约束(系统执行时间包含配置时间、数据/配置通信、硬件执行时间)。违背硬件面积限制将导致重新配置,进而可能违背系统的性能约束。因此增加的时间维度加大了划分设计和评估的复杂性。

相对于真实的软硬件划分,许多可重构架构和设计平台宁愿选择系统设计人员,或者宁愿让设计人员交互式地探索划分的设计空间。Celoxica 的 DK-1 编译器交互式地分析代码,并将在代码注释上估计到的面积和延迟划分授权给设计人员。Napa C 编译器的架构是国家半导体的 NAPA1000 芯片,使用用户通过对应用源代码的注释来引导系统划分。TOSCA 的协同设计使用 EM(exploration manager)工具驱动,但依然由用户开发划分。TOSCA 的架构允许用户直接干预划分,还可以由内部的评价标准自动选择划分。其他的设计框架,如 CASTLE 和 POLIS 均结合手动划分。

PRISM(processor reconfiguration through instruction set metamorphosis)是最早通过综合新的操作来增加微处理器性能的设计环境。这个工作的主要创新是仅仅选择在协作硬件逻辑上实现指令。例如,在一个 RISC 系统中,一个频繁执行的子程序 foo(a,b)(foo 能够变成架构级别的指令),含有两个寄存器输入(其内部细节被综合在支持的硬件上)。PRISM 编译器初始应用指令集为空,在编译时,PRISM 编译器检测最能代表应用需要的操作集合。任意微处理器不支持的操作都放在协处理器上。(PRISM 是一个概念性实现,自动选择操作没有被描述过。)

另外一个新的软硬件划分技术是利用公认的编译技术找到程序片段中的并行性,然后在可重构器件上实现这些程序片段。首先通过静态分析技术或者 profiling 工具找到计算复杂、频繁执行的循环,然后修剪候选循环以满足系统可行性要求,并最大化地提高系统的整体性能。

Nimble 编译器抽取可能在动态运行时可重构协处理器上实现的循环,应用面向硬件的编译优化(循环展开、结合、流水)产生多个循环的多个版本,最后编译器使用全局开销函数决定综合、硬件实现哪些循环。此全局开销函数整合了软硬件执行时间和配置时间,以及软硬件通信时间。如果违背了 FPGA 的面积限制,将重新配置。在 Nimble 平台上,顺序执行循环,即使在可重构结构上实现,在一段时间内也只能执行一个循环。

DEFACTO 是终端到终端的设计环境(end to end),通过分析存在的数组数据的相关性、私有性和减少识别技术来检测在硬件上实现的候选循环。和 Nimble 编译器一样,DEFACTO 编译器对一个循环产生多个版本。设计者利用评估工具,使用局部分析创建一个可行的划分,最小化数据通信和同步。DEFACTO 最小程度地减少硬件配置的开销,目的是创建硬件半静态行为。不同于 Nimble 编译器,DEFACTO 编译器能够产生多路划分,支持单处理器、多 FPGA 结构。

Berkeley 的 BRASS 项目在 GARP 平台上编译,该平台包括 MIPS(microprocessor without interlocked piped stages)微处理器和优化数据路径可重构协处理器。BRASS 选择循环实现可重构加速,每一个被加速的循环体或者其频繁执行的路径形成一个超块,超块是在可重构器件上执行的,是循环体的一部分。超块的预测执行模型在硬件上通过多路选择器实现。

伦敦帝国理工学院的 Markus Weinhardt 和 Wayne Luk 也开展了可重构协处理器的循环综合技术。和之前的循环检测方法一样,用编译技术来发现候选者,然后对候选者进行简单处理后,放到 FPGA 上实现。Markus Weinhardt 和 Wayne Luk 仅仅将具有规则循环携带真依赖特征(没有循环携带依赖,也没用反依赖和输出依赖,对在硬件上的循环流水没有构成威胁)的最内层循环放在硬件上。因此仅目前使用的值依赖于先前写的值,或者在每次迭代之间没有数据依赖存在的循环被考虑放在硬件上。循环的流水版本能够执行多次迭代,并且在硬件上综合(包含反馈循环电路,来明确处理循环携带真依赖)。因为循环识别技术的适用性是有限的,所以 Markus Weinhardt 和 Wayne Luk 使用典型的循环变换技术,如展开、平铺(tiling)、合并等处理循环,使其适合在硬件上执行。因此,这些技术的应用扩大了选择,将之前那些没有被考虑的循环也处理成适合在硬件上执行。

1.4　研究内容

本书首先对软硬件划分中目标系统结构、优化目标和约束条件、划分粒度和划分算法等相关问题进行了研究,设计了以 FPGA 面积为约束条件,以系统整体性能为优化目标的软硬件划分框架。以此框架为基础,对软硬件划分中性能、面积等软硬件运行代价的估计,划分粒度的选择及软硬件划分算法等关键技术展开研究。本书主要研究内容如下。

1.4.1　软件执行时间及软硬件间的通信时间估计算法

获取应用程序的软件执行时间及软硬件间的通信时间是软硬件划分的关键问题之一,其结果是软硬件划分算法的依据。本书对程序特征分析方法进行了研究,结合静态分析和动态分析技术,采用基于分配关系的循环识别原理和 edge profiling 技术,提出了基于 edge profiling 的循环运行时信息分析算法,有效地解决了现有算法难以全面且精确地分析程序循环特征的问题。

1.4.2　硬件执行时间/面积估计算法

应用程序在 FPGA 上实现时所消耗的硬件执行时间/面积是软硬件划分必需的性能指标之一。本书对现有硬件运行代价估计算法进行分析,提出一种高层次硬件执行时间/面积估计算法。首先根据高级语言运算在硬件上实现时的基本逻辑表达式,提出与各个运算的实现环境无关的硬件执行时间/面积计算公式;然后根据真实反馈值修正适用于特定 FPGA/综合工具属性估计公式;结合修正后的估计公式和面向硬件的编译优化技术,设计并采用一种面向循环在 FPGA 上实现时多版本特征的估计算法。该算法在一定程度上解决了现有估计算法局限于专门工具链或特定 FPGA 器件问题,同时可以为软硬件划分中硬件多版本设计空间探索提供必要的信息。

1.4.3 带有硬件多版本探索和划分粒度优化再选择的软硬件划分算法

软硬件划分算法是软硬件划分的核心问题。以上述软件执行时间、软硬件间的通信时间和硬件执行时间/面积为基础,本书提出了一种带有硬件多版本探索和划分粒度优化再选择的软硬件划分算法,采用遗传算法求解软硬件划分问题的同时,完成硬件多版本设计空间探索及划分粒度的优化再选择,有效地解决了现有软硬件划分算法,忽略了面向硬件的编译优化技术的问题,从全局最优性能的角度提高了划分解的质量。

1.4.4 基于Q学习算法的改进软硬件划分算法

在采用遗传算法进行寻找全局优化解的软硬件划分中,遗传算法的局部搜索能力是提高划分质量的关键问题。经过分析,发现在选择、交叉、变异算子中,遗传算法的局部搜索能力主要依靠变异算子,该算子的随机变异策略容易对优秀的染色体造成破坏,产生较差的个体。本书提出一种基于Q学习的面向硬件多版本探索的遗传法。依据硬件的性能、面积的矛盾特征,结合Q学习算法和贪婪规则,自适应选择合适的变异方向,减少变异盲目性,提高收敛性,增强遗传算法针对硬件多版本探索的局部搜索能力,进一步提高了软硬件划分解的质量。

1.5 组 织 结 构

在充分讨论了研究背景之后,本书围绕软硬件划分中的关键技术展开研究。本书共分 6 章,按照如下的思路来安排。

第 1 章,绪论。首先介绍本书内容的研究意义及研究背景,其次概括了基于 FPGA 的可重构计算系统的发展和软硬件划分对系统性能的关键影响,对国内外软硬件划分的研究现状进行了综述,最后给出了本书的研究内容和组织结构。本书组织结构图如图 1.4 所示。

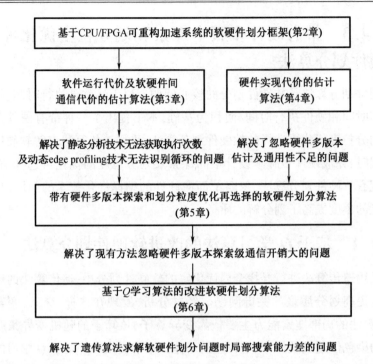

图 1.4   本书组织结构图

第 2 章,基于 CPU/FPGA 可重构加速系统的软硬件划分框架。首先介绍了软硬件划分相关问题,其次提出以基于 FPGA 的可重构计算系统为目标系统结构的软硬件划分模型,明确了优化目标和约束条件,对软硬件划分问题给出形式化定义,并给出了软硬件划分的整体框架。

第 3 章,软件运行代价及软硬件间通信代价的估计算法。首先,分析了目前程序动、静态程序特征分析技术的缺点和不足,针对存在的问题提出了一种运行时信息分析算法;其次,对采用的基于支配关系的循环识别原理和 edge profiling 动态分析技术进行了介绍;再次,详细介绍了基于 edge profiling 的循环运行时分析算法;最后,用实验证明了所提算法能够为软硬件划分提供全面且精确的信息支持。

第 4 章,硬件实现代价的估计算法。首先,对现有硬件执行时间估计和硬件面积估计算法进行了分类,分析总结了各类算法的优缺点;其次,在此基础上,提出一种高层次硬件执行时间/面积估计算法,给出了该算法的估计框架,详细介绍了以面向高级语言的硬件逻辑表达式为依据提出的 FPGA 器件无关硬件执行时间/面积计算公式,以及面向循环在 FPGA 上实现时多版本特征的估计算法;最后,在实验部分,对单个运算的硬件执行时间/面积计算公式进行了验证,并对基于编译优化技术的循环多版本的硬件执行时间/面积与真实综合工具结果进行了对比和分析。

第 5 章,带有硬件多版本探索和划分粒度优化再选择的软硬件划分算法。首先,对硬件多版本的产生原因进行了详细介绍,并对硬件多版本探索方法的研究现状进行了分析和总结,提出了基于通信开销的划分粒度选择方法;其次,在上述基础上,提出带有硬件多版本探索和划分粒度优化再选择的软硬件划分算法;最后,在实验部分,验证了不同规模的应用程序的划分结果,并与其他考虑到多版本探索的软硬件划分算法结果进行了比较。

第 6 章,基于 Q 学习算法的改进软硬件划分算法。首先,对 Q 学习算法的相关理论进行了分析;其次,在此基础上,针对遗传算法局部搜索能力弱的缺点,使用 Q 学习算法对遗传算法进行了改进;最后,在实验部分,针对不同规模的应用程序,对比分析了遗传算法及改进的遗传算法的搜索质量和收敛性。

最后,结论。此部分对本书的主要研究成果进行了总结,并提出了进一步研究的方向,同时为本书研究工作的延续提供了一个思路。

第 2 章　基于 CPU/FPGA 可重构加速系统的软硬件划分框架

2.1　引　　言

从上一章中可以看出,研究人员主要采用两种算法来解决软硬件划分问题:面向嵌入式系统或半静态可重构系统的"构建计算模型+智能算法"、面向动态可重构系统基于编译技术的划分算法。前一种算法的研究重点是采用或改进各种启发式算法,如构建算法、禁忌搜索算法、离散粒子群、模拟退火算法等,来提高软硬件划分算法的性能,而忽略了应用程序在硬件上实现时的多样性问题。另外,这种算法大多基于一定的假设条件,或者假设忽略一些性能指标,或者假设随机获取性能指标的取值。这些假设条件虽然简化了软硬件划分问题的难度,但也大大降低了软硬件划分解的质量。而后一种算法虽然考虑到面向硬件的编译技术生成的硬件多版本对软硬件划分的影响,但划分依据单一,往往只根据某一种性能进行划分,例如,根据基于软件执行时间的 90/10 原则,使软硬件划分的结果容易陷入局部最优。本书在现有研究的基础上,结合上述两种算法的优点,以基于 CPU/FPGA 可重构加速系统为目标系统结构,以 FPGA 面积作为约束条件,以系统整体性能作为优化目标,设计了一种面向 CPU/FPGA 可重构加速系统的软硬件划分模型。

本章组织结构如下:首先描述了软硬件划分问题的形式化定义,说明了应用程序片段在软件处理器和硬件处理器上实现时花费代价估计值的精确度、划分粒度的选择对软硬件划分的重要性;其次详细说明了软硬件划分问题中的目标系统结构、优化目标和约束条件、计算模型、划分粒度和软硬件划分算法等相关问题及部分研究现状;最后对本书设计的基于 CPU/FPGA 可重构加速系统的软硬件划分框架进行了详细描述。

2.2　软硬件划分相关问题

G. Estrin 等给出了软硬件划分问题的形式化定义。

输入:给定一个应用程序功能集合

$$F = \{f_1, f_2, \cdots, f_n\}$$

其中,应用功能 f_i 表示任何划分粒度,或者是以整个应用任务为粒度的任务级粗粒度或者是以处理器中单一操作为粒度的操作指令级细粒度。给定一个性能约束集合

$$C = \{C_1, C_2, \cdots, C_m\}$$

式中　C_i——$\{G_i, V_i\}$,$G_i \subset F$,V_i 为功能子集 G_i 中所有功能的最大执行时间约束值,$V_i \in R > 0$。

定义:软硬件划分定义为

$$P = \{H, S\}$$

其中,$H \subset F$,$S \subset F$,$H \cup S = F$,$H \cap S = \varnothing$。系统功能 G 的执行时间总和称为系统性能 Performace(G),计算公式如下所示:

$$\text{Performance}(G) = \sum_{f_i \in G} \text{execution\_time}(f_i) \tag{2.1}$$

当且仅当对于 $i = 1, 2, \cdots, m$ 有 Performance$(G_i) < V_i$ 时软硬件划分 P 满足性能约束需求。

使用上述输入和定义,初始软硬件划分问题是找到一个满足性能约束需求的划分 $P = \{H, S\}$,目的是使硬件功能集合 H 的硬件面积最小,该划分问题是一般软硬件划分问题的子集。例如,一个没有或者很少的性能约束通用计算机系统,该系统可能包含一个 RISC 微处理器和一个硬件面积固定的 FPGA 协处理器。对于这种系统,软硬件划分主旨发生了变化,划分约束条件将变成硬件面积,而优化目标是最小化系统功能 F 的系统性能,即找到一个划分 $P = \{H, S\}$,在满足最大硬件面积约束 A,即 $H \leqslant A$ 的条件下,使得 Performance(F) 最小。其他系统可能追求最小化其他的性能特征,如最小化系统功耗,目标和约束的修改只是简单修改上述定义中的数学公式。

软硬件划分探索的设计空间随着 F 中功能数的增加呈指数增长,因此划分

问题是 NP-Complete 问题。划分问题解的时间和 $|F|$ 是成正比的,划分粒度的大小在很大程度上影响一个划分启发式算法的性能。随着划分粒度变粗,设计空间变小,同时也牺牲了设计质量。基于粗粒度的设计方式,仅仅考虑两个非常大的任务($|F|=2$),系统划分是非常容易的,考虑到更细粒度的划分问题能够获得更高的划分质量。

一般软硬件划分框架如图 2.1 所示。软硬件划分必须在可重构计算系统设计早期阶段完成,硬件电路实现的系统功能需要在该硬件被综合之前确定。因此,划分目标和约束条件等(包括硬件面积和划分 P 的性能)必须在可重构计算系统设计早期进行估计。给定划分的精确度要由软、硬件运行代价估计值的精确度来衡量。从估计值的精确度可以洞察到划分解的质量。另外,估计过程需要快速完成,从而保证启发式算法的执行时间在一个合理的范围内。

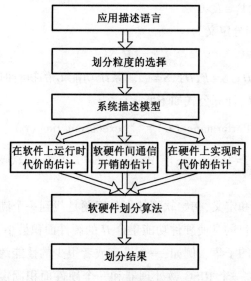

图 2.1　一般软硬件划分框架

因此划分解的质量和性能主要依赖于划分粒度、软硬件运行代价估计器的性能和精确度、启发式划分算法的设计空间搜索性能和效率。这些因素导致软硬件划分问题非常复杂,且对于一个通用系统来说非常难以解决。

下面将对划分粒度,软硬件运行代价的估计和划分算法进行具体说明。在说明这些核心问题之前,首先对软硬件划分的目标系统结构和表示划分任务的系统模型进行说明。

2.2.1　软硬件划分的目标系统结构

目标系统结构是系统在物理上的实现基础,具体来说是指系统中各个处理器以及处理器的内聚或耦合的方式,一般包括一个或多个 GPP、一个或多个可加速硬件单元以及一个或多个存储结构。不明确目标系统结构,软硬件划分则不能得到实际的划分结果。目前软硬件划分基于的目标系统结构形式为单 GPP 加单可加速硬件单元、单 GPP 加多可加速硬件单元、多 GPP 加多可加速硬件单元等,其中最常用的是单 GPP 加单可加速硬件单元。

单 GPP 单可加速硬件单元有如图 2.2 所示的四种耦合方式,其中灰色方框为可加速硬件单元。其中,A 结构耦合度最高,可加速硬件单元一般与 GPP 共享寄存器,具有最高速的数据交互速率,适用于计算密集型和数据密集型应用,该结构通常通过指令扩展方式进行加速。B 结构是中度耦合,可加速硬件单元作为协处理器,总线与 CPU 进行数据交互,同时也具备与 CPU 共享 cache 的能力,适用于计算密集型和数据密集型应用。与 A 结构相比,B 结构具有更大的芯片面积与更灵活的存储方式,因而具有更高的并行度,可以在算法级别上发挥应用的并行性。C 结构是松耦合结构,可加速硬件单元处于高速缓存(内存)和 I/O 端口之间,一般通过前端总线与 GPP 进行数据交互,具有共享内存的能力,适用于计算密集型和延迟不敏感的数据密集型应用。D 结构是耦合度最松的一种结构,可加速硬件单元作为独立的设备与 GPP 完全独立,通过 I/O 设备与 GPP 进行通信,协处理器可以进行独立运算,不需要主处理器经常干涉。主处理器和协处理器也可以并行执行。

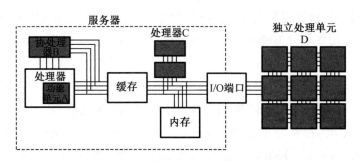

图 2.2　单 GPP 单可加速硬件单元四种耦合方式

2.2.2 软硬件划分的优化目标和约束条件

软硬件划分将系统任务分配到软件和硬件上实现,除了需要满足系统的约束条件外,一般还要对系统中的某个或某几个性能指标优化。因此软硬件划分同样是一种组合优化问题。组合优化是通过对数学方法的研究来寻找离散事件的最优编排、分组、次序或筛选等,而优化目标和约束条件是编排、分组、次序或筛选的依据。在软硬件划分问题中,因为软硬件划分应用范围不同,约束条件和优化目标也不相同。优化目标是在系统设计时主要考虑的优化因素,通常包括系统运行时间、硬件成本、功耗等;约束条件与具体的应用领域或应用平台有关,由其领域或者平台中的限制条件决定。约束条件和优化目标实际上贯穿了系统设计甚至软硬件划分过程的始终。

在软硬件划分中,约束条件和优化目标的估计也是一个重要的研究内容。软硬件划分是一个 NP(未解难题)问题,对于待映射的节点数为 N,目标系统结构上可执行单元数为 X 的划分,其可选择的划分解为 X^N 个。对于规模较大的复杂设计来说,划分解的空间是非常庞大的。另外,由于软硬件划分在设计早期阶段完成,不可能将所有的划分解都映射到软硬件平台上,验证划分是否满足优化目标和约束条件。因此,快速、精确地对软硬件运行代价估计是非常有必要的。划分解的精确度要由软硬件运行代价估计值的精确度来衡量,从估计值的精确度可以洞察到划分解的质量。

2.2.3 表示划分任务的计算模型

应用程序的描述语言同样会影响到软硬件划分的最终结果。编程语言具有较多的硬件特性时,其可在硬件上较好地运行。然而,编程语言具有较少明显硬件特性时,就需要编程人员精确地学习这些编程语言,明确语义,从而将该语言描述的功能映射为硬件结构。编程语言的抽象模型称为表示划分任务的计算模型。

计算模型是软硬件划分问题的基础。面向不同的应用特征,往往采用不同的计算模型。目前在软硬件划分中可以采用数据流图(digital flow graph,DFG)、Petri 网、控制数据流图(control digital flow graph,CDFG)、有限状态机(finite state machine,FSM)、任务图(task graph)等计算模型。每种模型都各有特点,并适合某一方面的应用。本书使用 CDFG 作为计算模型。下面对 CDFG

进行详细介绍。

CDFG $G_{CDFG}(V,E)$ 是一个有向图,表示操作集合 O 和操作之间的依赖关系。对于操作 $o_i \in O$,存在顶点 $v_i \in V$,即操作和顶点存在一一对应关系。每一个操作具有输入操作数集合,且产生一组输出操作数。如果操作 $o_i(v_i)$ 的输出操作数在另一个操作 $o_j(v_i)$ 的输入操作数集合中,则存在一个有向边 $e(i,j)$。

CDFG 是一种包含着分支信息(if-else-then)和循环迭代信息(loop)的数据流图。CDFG 存在许多模型,且可作为一个两级分层序列图。序列图是数据流图的一个分层。在应用程序中,最高一级代表控制流。最高一级的节点对应一个数据流图,边对应于应用程序中可能的控制流。

CDFG 与其他计算模型相比有很多优势。

(1)大部分的编译器具有容易转化成 CDFG 的中间表示(intermediate representation,IR),有利用编译器生成不同处理器的代码。

(2)数据流分析技术可以直接应用于 CDFG。

(3)现有编译器能把许多高级语言(如 Fortran、C++)转化成稍有改变的 CDFG;一个 pass 就能够把一个特定的高层 IR 转化成控制流图(control-flowgraph,CFG),紧接着 CDFG 就可能发生极小的变换。最重要的是,CDFG 能映射到不同的微处理器结构。

因此,在研究软硬件划分技术方面,CDFG 是一个很好的通用计算模型。

2.2.4　软硬件划分粒度

划分粒度是指每个划分对象包含描述规模的度量,每个划分对象作为一个整体参与划分。待划分对象可以规模较大,如函数、进程,这样的规模一般称为粗粒度;如果划分对象是循环、基本块、指令级等较小的单位,则被称为细粒度。粗粒度意味着每个划分对象中含有大量描述,而细粒度则表示划分对象中仅含少量描述,从而具有较多的对象。首先,粗粒度和细粒度各有优劣,粒度的选择对软硬件划分有重要的影响,需要根据系统设计要求来做出权衡。随着划分粒度变粗,每个粒度包含大量的系统功能,划分对象个数较少,减少了软硬件间的通信开销和划分算法的设计探索空间,可以显著提高划分算法的速度。但是由于划分粒度较大,不利于对系统进行详细的描述,不能考虑到影响系统性能的各个方面,牺牲了一部分质量,增加了成本;而随着划分粒度变细,探索的设计空间变大,能够获得更好的划分结果。虽然设计质量提高,能够避免粗粒度划分的一些问题,但同时细粒度分解导致划分对象增多,造成设计空间探索的难度加大,划分算法需要更多的计算时间,否则得到的划分结果不会理想。其次,评估细粒度的各种性能、成本参数等也比较困难。

2.2.5 软硬件划分算法

软硬件划分问题是一个 NP 问题,即在满足系统设计约束的前提下,充分提高各种优化目标,提供优良的划分解。软硬件划分算法是软硬件划分的核心问题。针对不同的系统和约束条件,出现了各种软硬件划分算法,包括规划类算法、启发式算法等。其中常见的规划类算法有动态规划算法、整数线性规划算法、分支定界算法等,该类算法通常应用于规模较小的软硬件划分问题,主要原因是软硬件划分是 NP 问题。对于规模较大的划分问题,该类算法执行速度较慢。因此研究人员使用启发式算法求解规模较大的划分问题。传统的启发式算法分为两类:面向硬件的启发式算法和面向软件的启发式算法。面向硬件的启发式算法的初始解决方案是将所有的系统功能都划分到硬件上,然后在划分的过程中,逐渐将系统功能移动到软件上来;相反,面向软件的启发式算法的初始解决方案是将所有的系统功能都划分到软件上,进而逐次移动到硬件上。常用的启发式算法有遗传法、禁忌搜索算法、模拟退火算法、贪婪算法等。另外还有一些众所周知的算法被应用到软硬件划分问题中,比如分簇算法、KL 启发式算法等。

除了一些研究人员将上述常用的启发式算法应用到软硬件划分问题中外,还有一些研究人员利用上述提到的基本算法的改进或者混合算法来进行软硬件划分问题求解。比如国防科技大学的熊志辉提出的动态融合遗传算法和蚂蚁算法,针对单处理器嵌入式系统软硬件划分问题提出粒子群优化算法和遗传算法混合算法;哈尔滨理工大学提出的遗传算法和禁忌搜索算法的混合算法;华中科技大学的邢冀鹏改进的模拟退火算法、K 均值聚类和模拟退火融合的软硬件划分算法等。

2.3　基于 CPU/FPGA 可重构加速系统的软硬件划分

2.3.1　目标系统结构

可重构系统包括软件结构、硬件结构和软硬件间的通信结构三部分。软件结构通常为 GPP 且具有专用内部存储结构;硬件结构为可加速硬件单元,即 FPGA;软硬件间的通信结构定义了不同处理器由总线或者点对点互联。例如,如图 2.3 所示,Xilinx 公司的 FPGA 嵌入 Microblaze 微处理器软核,构成一个 GPP 加协处理器的可重构系统结构,使用快速单工链(fast simplex link,FSL)链接 Microblaze 和协处理器,进行高速通信,这种协处理器的方式可显著改善性能。FSL 总线是基于 FIFO 结构的,用于 A/D 转换过程中的数据缓存,可以理解成板子上带的一小块内存,目的是防止采集数据来不及传输而造成的丢点现象,实际上是硬件寄存器。Microblaze 是 Xilinx 公司推出的业界较快的 32 bit 处理器 IP 核(intellectual property core)。Microblaze 结构最显著的特点是基于 CoreConnect 构架。CoreConnect 技术是由 IBM 公司开发的片上总线通信链,通过多个 IP 核相互连接,构成一个完整的可重构加速系统。

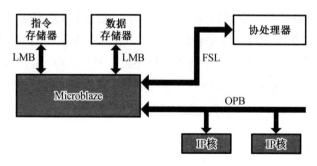

图 2.3　基于 FPGA 的系统结构

本书采用的基于 CPU/FPGA 可重构加速系统,选定 CPU 作为软件结构,其专用内存命名为 MEM,选定 FPGA 作为硬件结构,CPU 和 FPGA 以松耦合的方式通过总线实现数据通信。软硬件划分出应用程序的某些部分,在特定硬件 FPGA 上运行,利用其高度并行化,以简单的硬件结构和低功耗的优势来提高系统能耗比,从而提高计算效率。软硬件间协同工作的方式为串行执行:CPU 从存储器 MEM 中读取数据,提供数据给 FPGA,且等待 FPGA 执行运算完成,FPGA 独立执行计算,计算完成后再将计算结果写回 CPU。CPU 和 FPGA 不能并行执行。该结构已被应用于多个领域。

基于 CPU/FPGA 可重构加速系统详细结构如图 2.4 所示,其中 GPP 为 32 bit 软核处理器 MicroBlaze V7,工作频率为 125 MHz。在 MicroBlaze V7 上运行 Xilinx 公司的 Open Source Linux 操作系统。在 FPGA 中,RAU 通过 FSL 接口与 GPP 进行数据交互。在 Virtex 5 系列 FPGA 中,可编程逻辑块(configurable logic block,CLB)含有两个切片(slice),一个 slice 中包含 4 个 LUT6 以及存储逻辑、多路复用器(MUX)和进位逻辑。

在 Host 处理器上运行的软件通过接口协议向 FSL 总线写入控制字及运算数据。接口控制器判断当前接收数据的类型,若为控制字,则对其进行解析,并根据控制字的类型进行状态控制;若为运算数据,则将数据读出,通过端口 A 写入缓冲 RAM。进入计算启动状态,通过端口 B 将源计算数据(source data,SD)写入目标应用硬件中进行运算。运算结束后,运算结果(result data,RD)再次通过端口 B 写回缓冲 RAM。

在所有运算完成之后,将存储在缓冲 RAM 中的运算结果写回 FSL 接口。与此同时,软件根据写回数据长度、宽度等参数,使用计数器控制 Host 处理器从 FSL 读取运算结果。硬件验证平台的实现过程使用 Xilinx 公司的 EDK 工具,将 VHDL 文件和软件运行的 C 程序分别调用 ISE 工具和 GCC 编译器进行综合实现及交叉编译。最终,使用生成的 bit 文件配置 FPGA,将编译生成的 elf 可执行文件写到 DDR2_SDRAM 的执行地址空间。

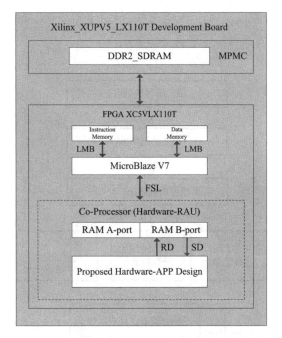

图 2.4　基于 CPU/FPGA 可重构加速系统详细结构

2.3.2　本书软硬件划分框架

以上述基于 CPU/FPGA 可重构加速系统为目标系统结构,本书设计了一种完整的软硬件划分框架,如图 2.5 所示。该框架由划分粒度的选择、计算模型的构建,应用程序在软硬件上运行或实现代价的估计,软硬件划分算法等几个功能模块组成。其中,划分粒度的选择、应用程序在软硬件上运行或实现代价的估计都是为软硬件划分算法服务的。

1. 划分粒度的选择

划分粒度的选择是软硬件划分中重要的研究内容之一。现有软硬件划分采用的划分粒度可分为两类:单一划分粒度和混合划分粒度。单一划分粒度是指进程、函数、循环、基本块和指令等基本划分粒度,混合划分粒度由多种基本粒度组成。目前大多软硬件划分算法都是基于单一划分粒度,每个粒度规模统一。例如,基于任务图的计算模型的划分算法,任务图的每一个节点具有相同的粒度,表示函数、循环或者基本块、指令等。COSYMA 系统采用循环等细粒度基本块作为划分粒度。Vahid 等提出了面向软件的函数粒度的划分算法,属于粗粒度。单一划分粒度实现简单,速度快,但对于需要更多细节的大规模、实时系统来说,很多细节不容易得到满足。

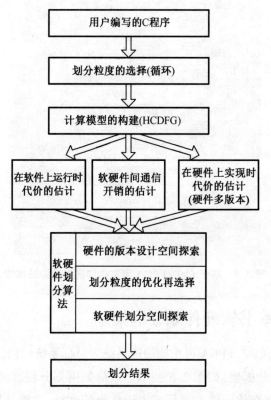

图 2.5 软硬件划分框架

针对单一划分粒度的缺点,研究人员提出了由多种基本划分粒度组成的混合粒度。Gupta 等提出了面向硬件的划分算法,在划分之前从指令中提取出循环控制结构,其划分粒度包括指令和循环程序结构两种。Jorg Henkel 等和吴强等提出的算法都包含多种基本划分粒度。K. Compton 等提出的 CBP(cluster based partitioning)算法基于无环的数据流图,将具有依赖关系的相邻节点合并为一个划分对象。魏少军等根据控制相关和数据相关详细讨论了划分粒度的生成方法。目前,混合粒度算法还处在研究阶段,还很难得到实际应用。总之,不同的粒度都有其优点和缺点,在进行软硬件划分之前,需要充分了解系统的特性和应用需求,选择合适的划分粒度。

高级语言编写的真实应用程序具有多种程序结构,包括函数、循环、基本块等。函数属于粗粒度,其往往含有大量的循环结构和分支信息结构。循环是程序设计语言中反复执行某些代码的一种计算机处理过程,这种环形结构决定了循环具有较高的并行性,非常适合在硬件上进行优化和加速。另外,实验表明,在计算密集型应用中,循环的运算时间几乎占程序运行时间的90%以上,加速了循环的执行,能够大幅度地提高程序的性能。基本块和指令属于细粒度,基于细粒度的划分设计空间规模较大,需要较长的计算时间。基于上述原因,本书选择循环作为基本划分粒度。

2. 计算模型的构建

本书采用的层次化控制数据流图(hierarchical control data flow graph,HCDFG)是一种递归定义的数据结构,允许 CDFG 层次化的嵌套,即每一个高层的 CDFG 节点都可以指向另一个 CDFG 节点。HCDFG 扩展普通 CDFG 中节点的定义如下式所示,使其具有层次化特性:

$$HCDFG = <V, E>, \forall v \in Vv = <HCDFG, PI, PO, PM> | <原子操作, PI, PO>$$

$$(2.2)$$

式中　HCDFG——层次化节点可以递归地包含一个层次化 CDFG 作为其功能的表示;

　　　　PM——端口映射,其将层次化节点的端口映射到其内部 HCDFG 中对应原子节点的端口上。

相对应于本书的划分粒度,HCDFG 表示循环结构,原子节点则为基本块,节点之间的边表示节点的跳转关系。

3. 应用程序在软硬件上运行或实现代价的估计

应用程序在软硬件上运行或实现代价的估计同样是软硬件划分中的重要研究内容之一,评估结果能够驱动软硬件划分,且能够指出一个划分是否在性能约束的范围内。目前存在大量软硬件运行代价估计的工具和算法。其中应用程序在软件上的运行代价有软件运行时间、功耗等,而硬件运行代价则包括应用程序在硬件上的运行时间、功耗,以及软硬件间的通信开销等。本书的软硬件划分以在满足 FPGA 面积约束的条件下,加快整个应用程序在可重构计算系统上的整体计算性能为目标。因此本书的软件运行代价为应用程序在 CPU 上的执行时间,而硬件运行代价则包括 CPU 与 FPGA 间的软硬件间的通信时间、应用程序在 FPGA 上实现时消耗的硬件面积(硬件资源)和硬件执行时间

（又称为硬件工作频率或硬件延迟）。下面对本书所需的软硬件运行代价及其研究现状进行简要介绍。

（1）软件执行时间和软硬件间通信开销的估计

软件执行时间通常是指应用程序在 CPU 上的运行时间，由 CPU 的频率和应用程序规模决定。软硬件间通信开销与通信通道的传输时间、传输数据的规模有关。

通信时间与软硬件间的通信模式直接相关。根据软硬件是否并行可分为软硬件并行执行的方式和软硬件非并行执行的方式，两种方式各有各的优缺点。当前很多可重构计算系统采用的都是软硬件非并行执行的方式。软硬件划分之后，当软件执行到被划分到硬件上的任务时，将执行控制权交给硬件即系统中的可重构逻辑器件，然后软件会一直等待，同时检测可重构逻辑器件的运算是否完成。可重构逻辑器件完成运算后，将计算结果和控制权返回给软件，软件则继续执行。该种通信模式简单，容易实现，但降低了系统的性能。在软硬件并行执行的方式中，软硬件间以中断或者其他方式互相通告状态和传递数据。相对于软硬件非并行执行的方式，这种方式使系统性能得到了提高，但同时也引入了数据一致性、任务间同步等问题，增加了系统治理的难度。

根据实现平台不同，现有算法可以分为基于软件分析算法和基于硬件平台分析算法。其中根据使用算法不同，基于软件的性能估计技术又可以分为三类：基于抽样（sampling）的分析估计算法、基于模拟器（simulation）的分析算法和基于代码插桩（code instrumentation）的估计算法。基于硬件平台的分析算法依赖于集成在微处理器上的硬件，辅助软件开发人员分析应用程序的运行时特征。这种硬件辅助分析算法利用事件计数器或者分支执行统计数据，检测应用热点或者频繁执行的路径。但是由于硬件的低频率特征，该算法的运行时间非常长。

通信开销的大小依赖于通信方式，不同的通信方式，通信开销的估计算法不同。W. Wolf 估算了软硬件划分混合系统中软件和硬件之间的通信开销，其假定一个共享内存通信模型，并且与硬件的通信只发生在邻近的硬件模块之间。同样，R. Sass 也采用共享内存的通信方式。Atmel 则将通信开销描述成 CFG 边的权值，其中，边的权值指该边传输的数据量。然而 Atmel 的估计对象是节点内部的通信开销，而不是软硬件间的通信开销。本书将通信开销描述为软硬件间传输的数据量及软硬件间调用次数的乘积。

（2）硬件执行时间和硬件面积的估计

硬件执行时间又称为硬件延迟，即硬件设计在 FPGA 上的执行时间，即硬件时钟周期及周期个数的乘积。周期个数一般在设计完成后就可以确定，最重要的是获取时钟周期的大小即最高工作频率。使用现有综合工具，如 Xilinx ISE 等，能够精确得到硬件电路的最大工作频率，但不能获取硬件电路的真实工作频率。

硬件面积即硬件资源数。在 FPGA 中，主要的逻辑资源是查找表 LUT，LUT 本质上是一个 SRAM 存储器。目前计算密集型应用程序要求大量的资源才能满足并行性的要求。FPGA 在结构上除了具有实现这些基本运算单元的功能外，新的 FPGA 器件直接集成了具有乘法累加器（multiplying accumulator，MAC）功能的 DSP 硬模块。这些 DSP 模块一般都由（18×18）bit 或（18×25）bit 的并行乘法器和一个累加器组成。在 Xilinx 公司 Virtex-Ⅱ中，乘法器为（18×18）bit 的，可以是组合型或者流水线型，其工作频率可以高于 300 MHz，且乘法器可以级联构成更多位数的乘法器。Virtex 5 SXT 器件最高以 550 MHz 频率运行。

为了减少耗时的设计实现周期，硬件执行时间/面积等估计问题在近 20 年引起了研究人员极大的兴趣。在不同的系统设计阶段，估计算法面对不同的设计细节，具有不同的精确度。因此有必要根据面对的设计阶段对估计算法进行分类，简单系统设计模型通常分为系统级、行为级和 RTL/指令级。软硬件划分在数字系统设计的早期阶段完成，其估计技术属于系统级估计。目前现有软硬件划分大多假设性能、面积等软硬件运行代价是随机生成的，这种假设过于简单，可能会隐藏问题的真实性和准确性。本书对现有硬件执行时间/面积的估计算法进行了研究，提出了快速且精确的高层次硬件执行时间/面积估计算法。

4. 划分算法

软硬件划分是指将以高级语言描述的计算模型中各个节点都分配到软硬件处理器上，其中当该节点被划分到 CPU 上时，该节点所含有的功能由 CPU 实现，否则，该节点由硬件 FPGA 实现。基于 CPP/FPGA 的可重构计算系统的约束条件为硬件面积，即 FPGA 所包含的资源总数。将以高级语言描述的应用程序分配到 FPGA 上执行的主要目标是加快应用程序的执行速度，提高整个系统的整体性能，包括划分到软件结构上代码段的软件执行时间、划分到硬件结构上代码段的硬件执行时间以及软硬件间的通信时间。以基于 CPP/FPGA 的可重构计算系统为目标结构的软硬件划分问题可以表述为找到一个划分 $P = \{H, S\}$，在硬件面积 H 满足硬件面积约束 A 的条件下，使得系统整体性能 Performance(P) 最小。

划分粒度的选择和软硬件运行或实现代价的估计算法对软硬件划分算法的设计空间大小及性能有着重要影响。现有划分算法的主要目标是优化各种启发式算法的收敛性、稳定性等算法本身的性能，而忽略了软硬件划分问题本身，如划分粒度选择、软硬件运行代价的估计对软硬件划分搜索空间的影响等。本书对现有的二元划分问题进行了改进，提出了带有多种划分本身和硬件编译自身特征的软硬件划分算法。

2.4　本章小结

软硬件划分是基于 CPU/FPGA 可重构计算系统设计中待解决的关键问题之一，研究软硬件划分框架对于设计一个良好的可重构计算系统是非常必要的。以往的软硬件划分描述了软硬件划分算法对于软硬件划分系统的影响，而忽略了软硬件划分中其他相关问题，如软硬件运行代价评估的精确度、划分粒度的选择等对软硬件划分解决方案质量的影响。本章提出了基于 CPU/FPGA 可重构加速系统的软硬件划分框架，以 FPGA 硬件面积为约束条件，以系统整体性能（包括软件执行时间、硬件执行时间及软硬件间通信时间）为优化目标，主要研究了软硬件运行代价的估计算法、划分粒度选择和划分算法等几个方面。另外对划分框架中各个子问题的研究现状给予了简要介绍，后面各章以该框架为基础，对软硬件划分中性能、面积等软硬件运行代价的估计，划分粒度的选择及软硬件划分算法等关键技术展开研究。

第3章 软件运行代价及软硬件间通信代价的估计算法

3.1 引　言

软件运行代价及软硬件间通信代价等性能的评估是软硬件划分初期阶段的关键问题。我们需要保证某个给定的软件系统能够在特定的时间内执行完成某个任务,或者需要在某硬件资源有限的情况下实现某系统功能。对一个系统来说,越早地确定出最终的设计方案,对后期的设计工作就越有利。设想在实现某系统之后,却发现该系统不能够满足时间限制的要求,这样就需要重新设计研究方案,无形中增加了设计成本,浪费了人力及时间成本。因此准确估计出软件运行代价对于软硬件划分至关重要。

在前一章中提到,本书的基本划分粒度是循环和基本块,其中循环是计算密集型应用的主要工作负载之一,运行时间甚至占应用程序总运行时间的90%以上,但并不是所有的核心循环都适合在可重构处理器上进行加速。要想选择出适合在可重构处理器上进行加速的循环,就需要了解循环,掌握循环的特征,因此循环的程序特征分析尤为重要。

针对循环的程序特征分析方法通常建立在静态分析技术的基础上,它可以获取逻辑结构、类型及循环内数据依赖关系等非运行时的特征,但难以发现和捕获依赖于程序运行时输入的循环调用次数、执行时间等运行时信息。然而,循环运行时信息是非常重要的,它们可以提供更确切的循环运行情况的统计,从而使系统设计者可以根据循环程序当前特定的行为模式进行特定的软硬件划分和优化。因此,本章结合静态分析和动态分析技术,采用基于分配关系的循环识别原理和 edge profiling 动态分析技术,提出了一种基于 edge profiling 的循环运行时信息分析算法,有效地解决了现有算法难以全面及精确地分析程序循环特征的不足。

本章组织结构如下：首先介绍了目前现有的特征分析方法，包括基于仿真的方法和基于分析模型的方法，并分析了目前程序动、静态程序特征分析技术的缺点和不足，针对存在的问题提出了一种基于 edge profiling 的循环运行时信息分析算法；其次详细介绍了基于支配关系的循环识别原理和 edge profiling 动态分析技术，描述了所提出的运行时分析算法；最后用实验证明了所提算法能够为软硬件划分提供全面且精确的信息支持。

3.2　现有程序特征分析技术

目前，现有程序性能评估技术的研究方法可以分为两个大类：基于分析模型的评估方法和基于仿真的程序特征分析方法，在此基础上又可以细分出线性评估方法、非线性评估方法及基于指令集的仿真方法等，如图 3.1 所示。

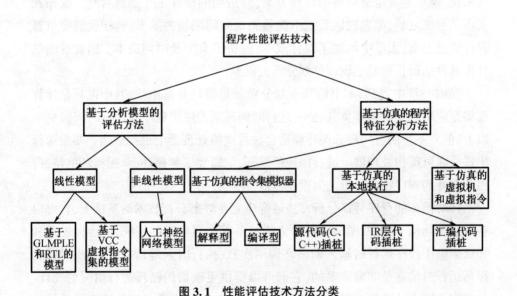

图 3.1　性能评估技术方法分类

3.2.1　基于仿真的程序特征分析方法

基于仿真的程序特征分析方法需要考虑评估的准确度和仿真速度这两方

面因素。该方法可以进一步细分为基于仿真的指令集模拟器(instruction set simulator, ISS)的方法、基于仿真的本地执行方法和基于仿真的虚拟机和虚拟指令方法。

　　ISS 仿真方法可以模拟出针对目标处理器的指令集体系结构以及目标处理器的微体系结构特征,包括流水线、高速缓冲存储器、分支预测等。针对开源处理器 LEON,能够达到时钟周期准确度的模拟器 TSIM 是开源可以使用的。ISS 仿真方法可以进一步细分为基于解释型模拟器和基于编译型模拟器的方法。基于解释型模拟器的方法在仿真应用程序时包括对指令的取指、译码和执行等阶段,这导致其速度非常缓慢。ACSim(ArchC Simulator) 就是一款来自 ArchC 的解释型模拟器。对于基于编译型模拟器来说,指令的取指令和译码阶段都被包含在了编译阶段,这使其仿真的速度变得更快。Mills 提到编译型模拟器比解释型模拟器速度快 3 倍左右。编译型模拟器的缺点是其针对的都是特定的应用程序,对每个不同的应用程序来说需要重新编译,这无形中限制了它的使用。ACCSim(ArchC Compiled Simulator) 是一个编译型模拟器,适用于 ArchC 环境。ACSim 和 ACCSim 模拟器都是开源的,可以用于 ARM、PowerPC、MIPS 和 8051 等多种处理器体系结构。总的来说,ISS 仿真方法的准确性很高,但是仿真速度慢,需要研究设计人员具有较高的体系结构知识。

　　基于仿真的本地执行方法先是要给源代码进行插桩,插入的代码一般都是与时间有关的信息,然后在目标机器上编译运行插桩后的程序。在目标机器上编译运行程序,使得该方法能够获得比使用交叉编译型模拟器更快的运行速度。代码插桩可以在程序的任意阶段进行,比如在源代码层、中间代码表示层和二进制代码层。这三种仿真方法也分别被称为源代码级别的仿真(source level simulation, SLS)、中间代码级别的仿真(intermediate representation level simulation, IRLS)和二进制代码级别的仿真(binary level simulation, BLS)。二进制代码层与汇编指令层的表示方法等价,因为二进制代码是由汇编器把汇编指令一条一条翻译过去的,它们之间具有一一对应的关系。源代码级别的仿真方法的仿真速度最快,但是评估的准确性最低;中间代码级别的仿真方法和二进制代码级别的仿真方法的仿真速度逐渐变慢,但是评估的准确性逐渐变高。中间代码级别的仿真方法把有时间信息的代码插桩到中间代码层,中间代码层比源代码层的抽象级别更低,但它仍然是与处理器的体系结构无关的。在二进制代码级别的仿真方法中,针对目标处理器的二进制形式首先被翻译成等价的高级语言代码(像 C、C++等高级语言),使函数与每个基本块都相关。这样,目标处理器中的插桩代码也就被插桩到了高级语言程序中。然后在目标处理器上编译运行该高级语言代码程序,并收集插桩代码所产生的时间信息。目前有两种代码插桩方法可以使用,一种方法是基于从目标机器的二进制代码到更高级代码表示的映射,另一种方法是开发利用了两种代码表示中的控制流映射。其中后一种代码插桩方法能够获得更高的准确性。基于仿真的本地执行方法速度比 ISS 仿真方法的速度有了显著提升。

基于仿真的虚拟指令和基于仿真的虚拟机方法与前述两种方法不同。虚拟机最一般的定义是一个完全的 SOC 模型,这对软件开发者来说已经足够使用了。这种模型的优点是不需要实际机器,就可以用来验证软件的功能及性能。其缺点是虚拟机的速度非常慢。大多数嵌入式处理器都采用的是 RISC 体系结构,所以研究人员已经开发出了通用型的类 RISC 虚拟指令集的处理器。该处理器体系结构提供了许多有用的工具,如性能剖析、时钟周期准确度的仿真器以及代码覆盖率分析等工具。W. Jigang 等提出一种基于 LLVM 编译架构的对程序进行性能评估的方法。其在 LLVM 提供的一些现有工具的基础上把虚拟 IR 指令映射到最终的机器汇编指令上,然后通过编写测试程序获得不同基本块长度对应的 IPC(instructions per circle) 的值。在获得程序所执行的指令总数量和程序 IPC 值之后,就可以评估出整个程序所消耗的时钟周期数。该方法的优点是提出了一套评估库函数的方法,这是许多其他评估方法所没有的;其缺点,一是评估库函数的方法要求获得库函数的源代码,二是该方法没有考虑 cache 不命中对 IPC 所产生的影响以及编译优化对程序执行性能产生的影响。

3.2.2 基于分析模型的评估方法

虽然基于仿真的程序特征分析方法评估出的程序执行时间更加精确,但是基于仿真的程序特征分析方法的速度太慢。对软硬件划分来说,基于分析模型的评估方法比基于仿真的程序特征分析方法更加适用,这是因为基于分析模型的评估方法的评估速度更快,准确性也足够高。基于分析模型的评估方法一般要先确定出与程序性能有关的特征向量,比如程序中某些操作或者某些指令,然后使用静态或动态的方法提取出程序特征向量的数量,最后根据上述获得的特征向量信息构建模型。从数学的角度来看,该方法所构建的模型可以简单地划分为线性模型和非线性模型。

　　线性方法是程序性能评估技术中应用较广泛的方法之一。Giusto 把应用程序代码编译成一个虚拟指令集合(一个简化的 RISC 指令集,共有 25 条指令,存在于 VCC 虚拟编译环境中),然后基于该虚拟指令集合构建程序性能评估模型。该程序执行时间评估模型如下式所示:

$$\text{cycles} = A \cdot \text{LD} + B \cdot \text{OP} + C \cdot \text{MUL} \tag{3.1}$$

式中　cycles——程序的执行时钟周期数;

　　　LD、OP 和 MUL——VCC 虚拟编译环境中对程序执行性能有影响的指令;

　　　A、B 和 C——指令的权值。

　　Giusto 尝试了三种构建程序性能评估模型的方法,分别是数据表法(datasheet approach)、校验方法(calibration approach)以及统计估计算法(statistical estimator approach)。通过训练模型并分析其评估误差结果,Giusto 最后得出的结论是线性回归的方法只有当测试程序与训练模型的程序集合相似的时候,应用该评估模型评估的程序执行时间才是准确的。M. Lattuada 基于 GCC 编译器所产生的不同中间表示来构建程序性能评估模型。GCC 编译器可以产生不同层级的抽象的中间表示。其中 GIMPLE 中间表示与源代码比较接近,而 RTL 中间表示与目标机器的汇编表示比较接近。针对不同处理器所产生的 RTL 中间表示是相同的,但是它们在编译后的代码序列是不同的。编译器的这个特点被开发出来用于构建线性评估模型。在构建模型时,M. Lattuada 还考虑了不同的编译优化选项对程序性能评估所产生的影响。不需要模型开发人员了解指令集和任意目标处理器的信息是该方法的主要优点。

　　影响程序执行时间的因素主要包括 CPU 体系结构、cache、编译优化以及输入数据的大小等,其中 CPU 体系结构又包括流水线、分支预测机制、超标量等方面。在这些因素的综合影响下,程序执行时间往往是非线性变化的。根据程序执行时间的非线性变化特点,Oyamada 提出了利用人工神经网络来评估程序执行时间的方法,因为人工神经网络中的 BP 神经网络、算法具有非常强大的非线性映射的能力。使用 BP 神经网络方法,首先要做的是确定神经网络的结构,然后是训练网络,最后才能使用该神经网络。Oyamada 所述的 BP 神经网络共包含三层,分别是输入层、隐含层和输出层。输入层中的神经元分别表示程序中每种有效汇编指令的数量,输出神经元表示的是评估出来的程序执行时间。在获取程序执行汇编指令的数量时,Oyamada 使用了一个时钟周期准确度的仿真器,其中的程序评估方法也同样应用了人工神经网络的方法,并且针对三款不同的处理器体系结构分别做了实验进行对比。最后 Oyamada 发现处理器的体系结构越简单,评估模型评估的程序执行时间越准。这个结论非常好理解,因为现在处理器体系结构的复杂性,即便应用人工神经网络方法也不可能完美地评估出程序执行时间,更不用说 BP 神经网络自身也存在不少缺陷和不足。

考虑到软硬件划分领域的特殊性及仿真方法的复杂性和速度效率问题,本节对程序性能评估中的基于分析模型的评估方法进行了研究。在利用分析模型的评估方法评估程序性能之前,还存在一个程序分类的问题。程序性能评估模型的评估结果与训练模型的程序集合有着很大的关系。如果训练集合中的程序大部分都是数据流为主的程序,那么训练出来的模型在评估控制流为主程序时误差就会非常大,反之亦然。这也从侧面说明了在训练 BP 神经网络时,训练样本的选择对构建模型的重要性。样本选择得不好,即便 BP 神经网络十分强大也无法获得让人满意的预测结果。因此,对程序进行分类对基于分析模型的评估方法来说是很重要的。

当前,程序性能评估技术中的程序分类方法一般把程序分为两大类:控制流为主的程序和数据流为主的程序。一般认为,控制流为主的程序中 if 判断类语句多一些,在 CFG 中体现为分支。而数据流为主的程序一般以计算密集型程序为主,这类程序完成大量的数据计算任务,程序中的判断类语句较少。基于控制流为主的程序和数据流为主的程序的特点是通过判断 if 虚拟指令数量占程序时钟周期总数比例大小的方法来对程序进行分类。其具体做法是,首先根据经验判断出一批控制流为主的程序,然后分别求出这些程序的 if 指令数量占程序时钟周期总数的比例。if 指令数量占程序时钟周期总数的比例计算公式如下:

$$\text{if\_ratio} = \frac{\text{the number of IF instructions}}{\text{cycle count}} \tag{3.2}$$

在式(3.2)的基础上计算出这些程序 if 指令比例的均值和标准差。当要评估新的测试程序的执行时间时,首先对这些测试程序进行判断,检测这些测试程序是否与训练评估模型的训练集程序属于同一类,如果是同一类,使用该评估模型才能较准确地评估出程序执行时间。判断测试程序是否与训练集程序属于同一类的具体做法是,先求出这些新测试程序的 if 指令数量占程序时钟周期总数的比例,然后利用双样本 t 检验方法检测新的测试程序是否与训练模型的控制流程序属于同一类。在没有更好的分类方法之前,该方法是可以利用的。

Oyamada 提出了一个利用程序的 CFG 的拓扑信息来指导程序自动分类的方法。其利用一个更改过的 GCC 编译器版本来生成一个有 CFG 信息的文件。该分类方法基于连接到基本块上的弧的数量对 CFG 的权重进行计算。如果一个基本块有 2 个输出弧,那么这 2 个弧的权重就被分别设定为 2,以用来表示处理器跳转语句的开销。CFG 的权重计算方法是由 CFG 中所有节点弧的总权值除以其中的总结点数。按照这种分类方法,以控制流为主的应用程序的 CFG 权值比以数据流为主的应用程序的 CFG 权值大。

CFG 权值计算公式如下:

$$CFG\_weight = \frac{\sum weighted\_arcs}{num\_nodes} \tag{3.3}$$

式中　CFG_weight——CFG 的权重;

　　$\sum$ weighted_arcs——CFG 中所有弧的权重的和;

　　num_nodes——CFG 中所有的节点数。

上述方法在对程序进行分类时需要一个 CFG 权值的阈值。程序的 CFG 权值大于该阈值,则被归类为控制流为主的程序;反之,CFG 权值小于该阈值的程序被归类为数据流为主的程序。首先通过对一些测试程序进行分析,把该阈值设定为 1.95。该分类方法的好处是能够自动实现,不需要人为干预。但是仔细分析,会发现该方法存在一定问题,我们以其中的例子图(图 3.2)来说明该问题。

设定的 CFG 权值的阈值是 1.95,那么图 3.2(a)是以数据流为主的程序,图 3.2(b)是以控制流为主的程序。但是可能存在这样一种情况:某个程序的 CFG 可能如图 3.3 所示。

经过分析可以发现,图 3.3 中的 CFG 只比图 3.2(b)的 CFG 增加了 1 个节点。假定图 3.3 中的程序是在图 3.2(b)程序的基础上增加了一些无关紧要的操作,但是却使程序的 CFG 多了 1 个节点,变成了图 3.3 的形式。图 3.3 中 CFG 权值是 1.8,小于阈值 1.95,属于数据流为主的程序。虽然只是对程序增加了一些操作,但却使程序的分类发生了变化,因此该程序分类方法存在一定的问题。

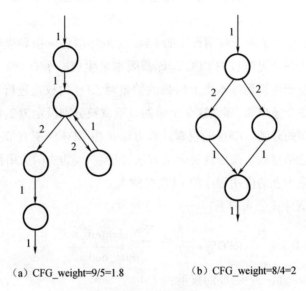

（a）CFG_weight=9/5=1.8 　　　　（b）CFG_weight=8/4=2

图 3.2　CFG 权值分类方法

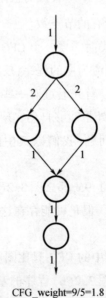

CFG_weight=9/5=1.8

图 3.3　某个程序的 CFG

无论是程序性能评估技术还是程序分类技术,许多研究人员都把研究重点放到了虚拟指令层,如 VCC 虚拟编译环境中的类 RISC 虚拟指令、LLVM 开源编译框架中 IR 中间表示层,以及 GCC 编译器中的 GIMPLE 和 RTL 表示层的虚拟指令。使用虚拟指令集的好处:首先,它比高级语言层更贴近汇编语言代码,这能够保证评估的准确性;其次,它与处理器无关,这样建立起来的评估模型比起基于汇编语言建立的评估模型来说具有更好的通用性,并且虚拟指令语言比汇编语言更好理解;最后,它提供了许多有用的工具并可以直接利用,这大大减轻了科研工作者的工作量,如 LLVM 提供了 llvm-prof 程序性能剖析工具。

3.2.3　多维数组的 cache 访问时间评估

计算机中存储器的层次结构对程序的性能有着非常大的影响。如果所编写的程序要访问的数据是存放在寄存器中,那么在指令的执行期间,在零个时钟周期内就能够访问它们。如果程序要访问的数据是存储在 cache 中,则需要 1~30 个时钟周期。如果程序的数据存储在主存中,则需要 50~200 个时钟周期。而程序中的数据如果存放在磁盘上,这大概需要几千万个时钟周期。

计算机的程序具有局部性的属性。具有良好局部性的程序总是倾向于多次访问相同的数据项集合,或者倾向于访问临近周围的一些数据项集合。局部性较好的程序比局部性差的程序更倾向于从较高层次的存储器(寄存器、缓存)中访问数据,因此这样的程序执行速度会更快一些。例如,不同的矩阵乘法核心程序执行相同数量的算术操作,由于有不同程度的局部性,它们的运行时间可以相差 20 倍。

计算机程序一般都会把大部分时间消耗在少数几个比较核心的函数上,而这些函数的大部分时间又很有可能会消耗在少数几个循环上,所以现在把注意力集中放到核心函数的循环上。在循环中对多维数组进行操作是很常见的现象,特别是在信号处理和科学计算等相关领域的应用中。在循环中如果对多维数组操作不当,会导致发生较多次数的 cache 不命中,对程序的性能将会产生严重的影响。虽然 cache 以及 cache 的命中与否对于程序员来说并不是直观可见的,但是优秀的程序员能够通过自己的经验对其做出合理判断。在循环中对多维数组进行操作时,有一种 cache 不友好现象很容易导致 cache 不命中,并且这种现象对优秀的程序员来说是容易判断出来的。但是对于多达几百上千行的大型程序来说,通过人工经验来对此进行判断并不是一个很好的选择。

程序的局部性一般有两种不同的表示形式:时间局部性和空间局部性。对于具有良好空间局部性的程序来说,如果引用了存储器的某个位置,那么该程序有很大的可能会在不久的将来引用附近的存储器位置。在对多维数组进行操作的程序中,程序的空间局部性显得尤为重要。C 语言以行优先顺序存储数组元素,高速缓存友好型的代码应该是按行优先顺序访问数组元素的。图 3.4 是一个 cache 友好型的 C 语言程序的例子。

```
int sum_arrayrows ( int a[M][N] )
{
int i, j, s = 0;
    for ( i = 0; i < M; i++ )
        for ( j = 0; j < N; j++ )
            s += a[i][j];
    return s;
}
```

图 3.4　一个 cache 友好型的 C 语言程序的例子

对于局部变量 i、j 和 s 来说,函数中的循环体有良好的时间局部性。因为它们都是局部变量,任何合理的优化编译器都会把它们缓存在 CPU 寄存器中。下面考虑对二维数组 a 的步长为 1 的引用。一般而言,如果一个高速缓存的块大小为 B,那么一个步长为 k 的引用模式(这里 k 是以字为单位的)平均每次迭代会有 $\min(1, (wordsize * k)/B)$ 次缓存不命中。当 $k=1$ 时,它取最小值,所以对二维数组 a 来说,步长为 1 的引用确实是 cache 友好型的。假设 a 是块对齐的,每个字为 4 B,高速缓存块大小为 4 个字,高速缓存初始为空(一般被称为冷高速缓存),那么对数组 a 的引用会得到表 3.1 中的命中与不命中模式。

表 3.1　图 3.4 中 cache 的命中情况

$a[i,j]$	$j=0$	$j=1$	$j=2$	$j=3$	$j=4$	$j=5$	$j=6$	$j=7$
$i=0$	1[m]	2[h]	3[h]	4[h]	5[m]	6[h]	7[h]	8[h]
$i=1$	9[m]	10[h]	11[h]	12[h]	13[m]	14[h]	15[h]	16[h]
$i=2$	17[m]	18[h]	19[h]	20[h]	21[m]	22[h]	23[h]	24[h]
$i=3$	25[m]	26[h]	27[h]	8[h]	29[m]	30[h]	31[h]	32[h]

表 3.1 中字符 m 表示 miss 不命中,字符 h 表示 hit 命中。通过该表可以看

出,该程序的 cache 不命中率为 1/4。在这种冷缓存的情况下,这是程序所能做到的最好的情况了。下面,我们对图 3.4 中的程序做一个简单的修改,修改后的程序如图 3.5 所示。该程序与图 3.4 中的程序完成同样的功能,只是循环的执行次序发生了一点变化。

```
int sum_arraycols ( int a[M][N] )
{
    int i, j, s = 0;
    for ( j = 0; j < N; j++ )
        for ( i = 0; i < M; i++ )
            s += a[i][j];
    return s;
}
```

图 3.5　修改的一个 cache 友好型的 C 语言程序的例子

图 3.5 中的 C 语言程序是按列优先访问数组 a 中元素的。如果数组比较小可能会导致整个数组都能够存放在高速缓存中,那么该程序将与图 3.4 中的程序有相同的不命中率 1/4。但是,更多的情况是数组的大小比高速缓存块要大,导致 cache 中的块替换现象发生,这样每次对数值 $a[i,j]$ 的访问都不会命中,此时的 cache 命中率情况见表 3.2。

表 3.2　图 3.5 中 cache 的命中情况

$a[i,j]$	$j=0$	$j=1$	$j=2$	$j=3$	$j=4$	$j=5$	$j=6$	$j=7$
$i=0$	1[m]	5[m]	9[m]	13[m]	17[m]	21[m]	25[m]	29[m]
$i=1$	2[m]	6[m]	10[m]	14[m]	18[m]	22[m]	26[m]	30[m]
$i=2$	3[m]	7[m]	11[m]	15[m]	19[m]	23[m]	27[m]	31[m]
$i=3$	4[m]	8[m]	12[m]	16[m]	20[m]	24[m]	28[m]	32[m]

本节把多维数组程序中存在按列优先访问数组元素的程序称为 cache 不友好型程序,反之则称为 cache 友好型程序。多维数组程序中其他 cache 不友好的行为暂时没有考虑。在 ARM 处理器中运行上述两个程序,发现 cache 不友好

型程序执行时间是 cache 友好型程序执行时间的 1.4 倍左右,这说明较高的 cache 不命中率会对程序执行时间产生较大的影响。一个合格的程序员会尽量避免程序中出现局部性不友好的现象,但是在某些科学计算的应用中,不可避免地会出现一些按列优先访问数组元素的情况,如矩阵的运算、矩阵的转置等。所以,在程序性能评估中,对这类程序进行 cache 友好型分类是很有必要的。

3.2.4　循环级程序特征分析技术

国内外研究者提出了各种软件性能估计技术,根据使用算法的不同,基于软件的性能估计技术又可以分为三类:基于抽样的分析估计算法、基于模拟器的分析算法和基于代码插桩的估计算法。

基于抽样的分析估计算法是在一定的时间间隔内,中断微处理器的运行,抽取程序计数器或者内部寄存器的值作为统计数据来分析应用程序的性能特征。该类算法的典型代表有 ProfileMe、Continuous profiling、SamplePro 等工具。ProfileMe 使用随机抽样法,随机选择指令记录动态执行信息,包括目前程序计数器、流水段状态、高速缓存命中率等。该算法适用于无序机(out-of-order machine)。Continuous profiling 包括数据收集子系统和分析子系统两部分。数据收集子系统定期地中断来自处理器的程序计数器,分析子系统收集数据分析计算程序的性能特征。SamplePro 分析器使用系统抽样法,由系统抽样控制器、随机数发生器和 $n+1$ 个 Profiler 组成。基于抽样算法的估计技术的优点是代码和数据开销较小,减少抽样率可以使整个分析器的性能开销减小到最低程度。然而减少抽样率的同时也牺牲了精确度,同时该算法还需避免抽样率和程序任务周期的冲突,防止走样问题。

基于模拟器的分析算法,首先将应用程序在指令集模拟器(例如, SimpleScalar 模拟器)上运行,跟踪详细的动态运行信息。该类算法的典型代表是 LOOAN 工具和 FLAT(frequent loop analysis toolset)工具集。LOOAN 是一个自动循环分析工具,可以应用于 MIPS、SimpleScalar 编译器上,通过读取汇编文件、映射文件、指令跟踪文件等,静态分析循环的特征。FLAT 工具集包括两个指令级性能分析工具:FLATC 和 FLAT_SIM。其中 FLATC 使用 GNU C 分析各个基本块的运行频率,然后使用反汇编指令(disassembled instructions)识别循环和函数,最后根据基本块的运行频率计算各个循环和函数的运行频率。FLAT_SIM 使用 Simics 指令集分析器完成指令动态分析。Simics 是一个完整的模拟平台,能够模拟高端系统,加速启动、运行操作系统和工作站等。Simics 不是一个开放的资源模拟器,但是可以修改已存在的模型或者添加自定义的模型。Simics 提供了 id-splitter 模型,控制所有的缓存读写,重定向到相应的指令或者数据缓存中。FLAT_SIM 将包含所有循环地址的树结构引入到 id-splitter 模型中,在执行的过程中,逐次遍历指令。如果该指令属于某个循环,那么与该循环相关的计数器加 1,最后将关于循环和函数调用的分析信息存储到文件中,FLAT_SIM 分析该文件,输出循环的执行信息。基于模拟器的分析算法依赖于输入资源的精确度和复杂度,在输入到模拟器中的资源是简单真实的情况下,能够得到准确的性能分析信息。但是对于比较复杂的外部环境,设置模拟器甚至比设计应用程序花费的时间还多,另外模拟整个系统的时间将会非常长。

基于代码插桩的估计算法是在应用程序中添加计数器指令,程序执行完成后,根据计数器数值计算循环、函数等程序结构的运行频率。该算法的典型代码有 GNU C 编译器中的动态 profiling 剖面分析工具——gprof,分析函数的调用次数、消耗的处理器时间,也可以显示"调用图",即函数间的调用关系,但该工具仅能够分析函数级别的运行时信息,不能够得到循环、基本块等细粒度的性能特征。美国伊利诺伊大学的开源编译器 LLVM 含有 edge profiling 和 function profiling,能够分析出程序中各个基本块、控制边和各个函数的执行频率,但仍然不能够直接得到循环的动态运行特征。尽管基于代码插桩的估计算法增加了数据存储和性能开销,但是该算法能够快速精确地获取各个细粒度的性能特征,因此本节内容以 edge profiling 为基础。

综上所述,由于软硬件划分需要各个划分对象的运行时信息,如果采用基于抽样和基于模拟器的算法满足该需求,则可能带来非常大的时间和空间开销。而基于代码插桩的估计算法能够给出各个划分对象的信息。profiling 分析技术作为常用的动态分析技术,可以收集待分析程序的运行时信息,根据采集信息粒度的不同,可以分为 function profiling、path profiling、edge profiling 和 basic block profiling 四类。其中 function profiling 技术用来收集函数的动态信息,较粗粒度信息的采集方法,其无法推算出细粒度循环的运行时信息,如 GCC 的 gprof 工具只能够得到函数的运行时间和调用关系,不能得到函数内部循环的运行时信息;path profiling 技术、basic block profiling 技术和 edge profiling 技术是细粒度信息的采集方法,分别用来收集路径、基本块和控制边的动态信息,但也无法直接收集到循环的动态信息。

在研究中发现,循环运行时信息的采集需要基本块和控制边的运行时信息,而基本块的运行时信息可以通过控制边的运行时信息推算出。edge profiling 作为一种细粒度信息采集技术,可以获取控制边的运行时信息。在此情况下,本书提出的思想是在现有 edge profiling 技术之上结合静态分析方法,获取诸如循环调用次数、循环执行时间等关键信息。

3.3　相　关　技　术

本书的循环运行时分析算法是在静态循环识别技术和 edge profiling 分析技术的基础上进行的,在给出本书的分析算法之前,首先简要介绍基于支配关系的循环识别原理和 edge profiling 分析技术。

3.3.1　基于支配关系的循环识别原理

分析循环的运行时信息需要首先识别循环。为了识别出程序中的所有循环结构,包括 for 循环结构、while 循环结构,甚至 go to 语句构成的循环结构,本节采用了经典的基于支配关系的循环识别原理进行循环的识别。下面列出了支配关系的定义和循环识别的原理,并给出了示例。

1. 定义1　支配关系

一个基本块 X 支配基本块 Y,当且仅当每一条从 ENTRY 基本块(程序入口基本块)到基本块 Y 的有向路径都通过基本块 X。支配关系是自反的,所以在任何情况下,基本块 X 支配它自身。

2. 定义2　循环入口基本块

基本块 L 是循环入口基本块,当且仅当存在至少一个基本块 Y 满足:L 支配 Y;有一条从 Y 到 L 的边。从 Y 到 L 的边被称为返回边。L 和 Y 可以是同一个基本块。

3. 循环识别原理

由循环入口基本块 L 定义的循环是一些基本块的集合 L_L,每个基本块 $X \in L_L$,都满足:L 支配 X;存在一条从 X 到 L 的有向路径,路径中的每一个基本块都被 L 支配。一个循环可能是嵌套循环,一个基本块可能属于多个嵌套循环。

图 3.6 为以基本块为节点的 CDFG,各个方框表示基本块,边表示基本块之

间的跳转关系。依据支配关系分析各个基本块支配的基本块集合,然后找到循环入口基本块。图 3.6 中存在两个入口基本块 BB_a 和 BB_g。最后根据循环识别原理,分析出以循环入口基本块 BB_a 定义的循环基本块集合 $L_{BB_a} = \{BB_a, BB_b, BB_c, BB_d, BB_e, BB_f, BB_g, BB_h\}$,以 BB_g 定义的循环基本块集合 $L_{BB_g} = \{BB_g\}$。

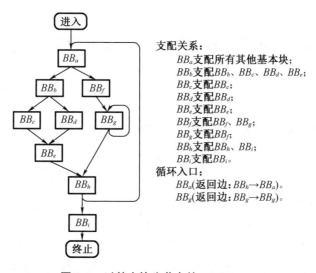

图 3.6　以基本块为节点的 CDFG

3.3.2　edge profiling 动态分析技术

动态 edge profiling 分析技术是记录程序运行时信息的一项技术,其通过在源程序或中间代码中插入指令或者函数来收集运行时信息,一般由下列三个步骤来完成。

1. 第一步插桩

在源代码或者中间代码中插入代码,插入的代码包括计数类指令和调用插桩库函数的指令。edge profiling 在 CDFG 的每条边上进行插桩。插桩结束后,生成包含插桩代码的程序。

2. 第二步运行插桩后的程序

在运行程序的过程中,插桩代码首先申请收集信息的存储空间,然后收集程序运行时的信息。edge profiling 收集到的信息是 CDFG 中每条边的执行次数。最后其将所收集的信息保存到反馈文件中,并释放保存信息所使用的存储空间。该步骤由插桩库函数负责完成。

3.第三步获取反馈信息

读取反馈信息文件,获取收集的运行时信息,便于后续代码根据收集的信息对代码进行优化处理。edge profiling 反馈文件中的信息是 CDFG 中每条边的执行次数,从边的执行次数可以推算出基本块的执行次数。

3.4 基于 edge profiling 的循环运行时信息分析算法

本节结合基于支配关系的静态循环识别原理和 edge profiling 分析技术,识别出循环结构,获取循环结构的静态信息和动态运行信息,从而计算分析出所有循环结构的调用次数、运行时指令的数目、软硬件间通信时间等运行时信息。其流程如图 3.7 所示。一方面使用 edge profiling 动态分析技术获取当前执行程序的运行时信息,如基本块或者指令的执行次数等,并将这些信息写入反馈文件中。另一方面静态识别循环并获取循环的静态信息,如循环结构的执行次数、循环结构包含的指令数和基本块数等,最终利用循环结构的静态信息以及基本块的动态信息分析计算得到循环结构的运行时信息,包括循环结构的执行次数、调用次数、运行时间及通信开销等。

下面给出算法的具体描述。

1.edge profiling 的设计与实现

从 3.3.2 节介绍的 edge profiling 原理可以了解到,edge profiling 包含三个步骤:插桩、运行插桩后的程序,以及获取反馈信息。如图 3.8 所示,本节使用 LLVM 的三个工具完成 edge profiling 的三个步骤:第一步骤使用 llvm-gcc 工具将源程序编译为 LLVM 中间代码 IR,完成插桩前的准备工作;第二步骤使用 opt 工具加载插桩程序 pass 对 IR 进行插桩;第三步骤使用 lli 工具运行插桩后的程序代码,收集运行时信息,并写入反馈文件. out 文件中。下面具体介绍 edge profiling 中插桩的位置、插桩数量和插桩内容。

不同的 profiling 技术,插桩的位置和数量不同。edge profiling 使用计数器指令来统计 CDFG 中每条边和节点的执行次数,计数器使用全局数组等数据结构实现。edge profiling 插桩位置和数量的流程如图 3.9 所示。

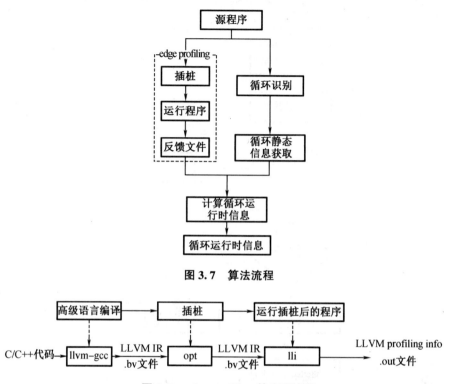

图 3.7　算法流程

图 3.8　edge profiling 的实现流程

首先统计 CDFG 中所有节点（基本块）的出边个数 NumEdges, 然后设置 NumEdges 个计数器, 保证每一个输出边上有一个计数器; 然后查找 CDFG 中的关键边 critical edge（从一个多输出块出来, 进入一个多输入块的边）, 在 critical edge 上插入一个基本块, 将 critical edge 划分为两条边; 最后对所有具有输出边的基本块分类, 分为单输出的和多输出的块。对于单输出块的输出边, 将计数器插入到该块的开始位置; 对于多输出块的输出边, 将计数器插入到该多输出块的子块的开始位置。

edge profiling 的插桩过程不仅仅需要插入计数器, 还需要插入另外一种代码, 即 profiling 启动代码, 也就是调用插桩库函数的指令。edge profiling 启动代码插入在程序的开头, 即 CDFG 的 entry 基本块, 当运行插桩代码时就可以调用插桩库函数, 申请计数器所用的存储空间, 当程序运行完后, 将信息保存到反馈文件中, 释放计数器所用的存储空间。

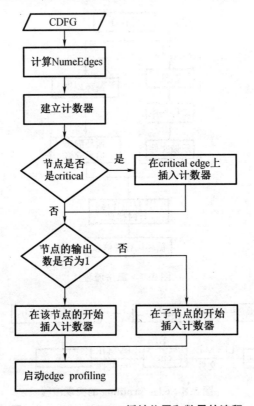

图 3.9 edge profiling 插桩位置和数量的流程

2.具体算法描述

(1)计算 CDFG 中每条边和每个基本块的执行次数

读取 edge profiling 反馈文件,获取程序中每条边 $Edge_{BB_m->BB_n}$ 的执行次数 $Num_{BB_m->BB_n}$,并根据基本块执行次数等于其出边的执行次数之和,获取程序中所有基本块 BB_m 的执行次数 Num_{BB_m}。

(2)建立 CDFG 中函数的调用关系图 FCG

遍历并记录 CDFG 中的每个函数,然后遍历 CDFG 中的所有调用指令(call 指令),建立 CDFG 中函数之间的调用关系 FCG(function call graph)。

(3)计算 FCG 中每个叶子节点函数的平均运行时指令数

遍历 FCG 的叶子节点,计算每个函数的运行时指令数,函数 F_k 的运行时指令数 N_{F_k} 等于其含有的所有基本块的运行时指令数之和。计算公式如下:

$$N_{F_k} = \sum_{BB \in F_k} Num_{BB} \cdot NumInst_{BB} \tag{3.4}$$

式中　Num$_{BB}$——基本块 BB 的执行次数；

　　　NumInst$_{BB}$——基本块 BB 含有的指令个数。

每个函数的第一个基本块即入口基本块 FENTRY 的执行次数 N_{FENTRY} 为该函数被调用的次数，那么叶子节点函数的平均运行时指令数 PN_{F_k}，即每次调用时的平均运行时指令数的计算公式如下：

$$PN_{F_k} = \frac{N_{F_k}}{N_{\text{FENTRY}}} \tag{3.5}$$

（4）计算 FCG 中每个非叶子节点函数的平均运行时指令数

自下往上遍历 FCG 的每个非叶子节点，计算每个函数的运行时指令数。与叶子节点函数的计算方式不同的是，非叶子节点函数的总运行时指令数需要考虑调用函数的运行时指令数。假设函数 F_m 中含有的 call 指令数为 n，每个 call 指令所在基本块的执行次数为 Num$_{BB\text{call}_i}$，其中 $0 < i \leqslant n$，则函数的运行时指令数计算公式如下：

$$PN_{F_m} = \sum_{BB \in F_m} \text{Num}_{BB} \cdot \text{NumInst}_{BB} + \sum_1^n \left(\text{Num}_{BB\text{call}_i} \cdot PN_{F_i} - \text{Num}_{BB\text{call}_i} \right)$$

$$\tag{3.6}$$

与计算叶子节点函数平均运行时指令数类似，需要使用式（3.2）进行计算。

（5）识别 CDFG 中的循环入口基本块

遍历 CDFG 中的基本块 BB_i，计算 BB_i 含有的指令数 NumInst$_{BB_i}$。根据定义 2，判断 BB_i 是否是循环入口基本块，如果是，获取返回边 Edge$_{\text{Exit}BB_i \to \text{Head}BB_i}$，跳入（6）；否则判断 BB_i 是否是程序 RETURN 基本块，如果是，说明已经遍历到最后一个基本块，跳入（7），否则 $i{+}{+}$跳回（5）继续遍历下一个基本块 BB_i。

（6）识别循环的头结点、返回边及所含基本块集合

新建集合 BBloop，存放循环的头节点 HeadBB、尾节点 ExitBB、返回边 Edge$_{\text{Exit}BB \to \text{Head}BB}$ 及该循环包含的基本块集合 L_{BB}。根据循环识别原理，获取循环头节点 BB_i 所在循环的基本块集合 L_{BB_i}，并将头节点 BB_i、返回边 Edge$_{\text{Exit}BB_i \to \text{Head}BB_i}$，基本块集合 L_{BB_i} 存入 BBloop 中。跳入（5），$i{+}{+}$，继续遍历下一个基本块 BB_i。

（7）确定循环的嵌套层次

遍历集合 BBloop 中的头节点 HeadBB_k，找出包含该头节点的所有基本块集

合 L_{BB},根据基本块集合的包含关系确定出各个循环的嵌套关系。如果存在 $HeadBB_k \in L_{BB_i}$、$HeadBB_k \in L_{BB_j}$、$HeadBB_k \in L_{BB_k}$,且 $L_{BB_i} \subset L_{BB_j} \subset L_{BB_k}$,那么基本块集合包含关系的层次表明此循环为三层嵌套循环,且以 BB_k 为头节点的循环是该三层循环的最外层,BB_j 是第二层,BB_i 是最内层。

(8)计算循环的调用次数

遍历集合 $BBloop$,计算每个循环的调用次数。其中头节点是 BB_i 的循环的调用次数 $CallNum_{BB_i}$ 等于返回边除外所有跳入到头节点的边的调用次数之和,计算公式如下:

$$CallNum_{BB_i} = \sum_{BB \in L_{BB_i}}^{BB!=ExitBB_i} Num_{BB \to HeadBB_i} \tag{3.7}$$

式中　$ExitBB_i$——头节点 BB_i 所在循环的尾节点;

L_{BB_i}——头节点 BB_i 所在循环包含的基本块集合;

$Num_{BB->HeadBB_i}$——边 $Edge_{BB->HeadBB_i}$ 的执行次数。

(9)计算循环的平均迭代次数

循环的平均迭代次数等于循环的总迭代次数与循环的调用次数之商,循环的总迭代次数表示循环头节点的执行次数。以 BB_i 为头节点循环的平均迭代次数 I_{BB_i} 的计算公式如下:

$$I_{BB_i} = \frac{Num_{HeadBB_i}}{CallNum_{BB_i}} \tag{3.8}$$

式中　Num_{HeadBB_i}——头结点 BB_i 的执行次数。

(10)计算循环的运行时指令数

以 BB_i 为头节点循环的运行时指令数 N_{BB_i} 等于基本块集合 L_{BB_i} 中所有基本块的运行时指令数之和,计算公式如下:

$$N_{BB_i} = \sum_{BB \in L_{BB_i}} Num_{BB} \cdot NumInst_{BB} \tag{3.9}$$

式中　Num_{BB}——基本块 BB 的执行次数;

$NumInst_{BB}$——基本块 BB 含有的指令个数。

(11)计算循环运行时间占程序总运行时间的百分比

假如每条指令的平均运行时间为 T,那么程序总的运行时间 T_{all} 等于程序中所有基本块的运行时间之和。计算公式如下:

$$T_{\text{all}} = \sum_{BB = \text{ENTRY}}^{\text{RETURN}} \text{Num}_{BB} \cdot \text{NumInst}_{BB} \cdot T \tag{3.10}$$

式中　ENTRY——程序的入口基本块；

　　　RETURN——程序的退出基本块。

以 BB_i 为头节点的循环的运行时间 T_{BB_i} 占程序总运行时间的百分比 $F_{\text{loop}BB_i}$ 的公式如下：

$$F_{\text{loop}BB_i} = \frac{N_{BB_i} \cdot T}{T_{\text{all}}} \tag{3.11}$$

（12）计算循环在硬件上实现时软硬件间通信的数据个数

遍历集合 $BB\text{loop}$ 中的所有指令，查找是否存在对数组操作的指令，如果存在则记录数组的大小，然后新建整数 $\text{Num}_{\text{Array}}$ 存放所有数组的大小之和。

（13）计算软硬间的通信开销

本书的通信方式为基于 FSL 的字符串方式，假如软硬件间传输一个数据的时间为 t_{comm}，那么循环总的通信时间 T_C 是传输所需数据的时间之和。传输数据的个数由调用次数和所传输数组的大小决定，计算公式如下：

$$T_C = \text{Num}_{\text{Array}} \cdot \text{CallNum}_{BB_i} \cdot t_{\text{comm}} \tag{3.12}$$

3.5　实验结果与分析

为了验证算法的正确性及可行性，本书在 LLVM 编译框架上实现了提出的循环运行时信息分析算法，并分析了 MiBench 和 MediaBench 两个基准测试用例中循环的运行时信息，测试用例的输入均采用 MiBench 和 MediaBench 源程序中给定的标准输入。

LLVM 是由美国伊利诺伊大学厄巴纳-香槟分校发起的一个项目，其全称为 low level virtual machine，虽然直接翻译过来是低级虚拟机的意思，但是 LLVM 现在已经不仅仅是一个虚拟机项目了。经过多年的发展，现在的 LLVM 已经成为一款非常优秀的开源编译框架，利用它能够对程序的全时段进行优化。LLVM 为开发者提供了许多强有力的开发工具，如 clang、opt、llvm-prof、lli、llc 等。使用这些工具能够非常方便、快捷地获得许多有用的信息。下面介绍

LLVM 的一些基础知识及后期实验需要用到的一些 LLVM 提供的工具。

LLVM 的中间代码被称为 IR,它被设计成三种不同的表示形式,分别是内存中的二进制形式(in-memory)、磁盘上的位码表示形式(on-disk)及人类可读的汇编表示形式,这三种表示形式在效果上是等价的。IR 是语言无关(language-independent)和平台无关(target-independent)的,既不依赖于前端的高级语言也不依赖于后端平台,可以说是一种较低级的平台无关的语言。

把 C 语言程序编译成人类能够读懂的 IR 表示形式,使用的命令是使用命令 clang-emit-llvm-S-c *.c -o *.ll,其中的.ll 文件即为生成的可读 IR 文件。

IR 程序的结构组成由大到小依次是模块、函数、基本块、指令。模块包含函数和全局变量,是编译、分析、优化的基本单位;函数包括基本块和参数,基本上与 C 语言中函数的概念相对应;基本块是由一系列 IR 指令构成的,所有的基本块都是用控制流指令来指示基本块的结束;指令是由操作码和操作数向量构成的,指令的结果及所有的操作数都需要被指定相应的数据类型,如整型、浮点类型、指针类型及向量类型等。在上述 IR 程序的构成中,基本块是一种对 IR 中间代码的划分算法,它是由满足下列约束条件的最大指令序列构成的。

(1)只有通过基本块的第一条指令才能进入该块,即不存在通过指令能够直接跳转到基本块中间的情况。

(2)除了基本块中的最后一条指令,控制流在离开基本块之前不会产生停机或者跳转的行为。

llvm-prof 是 LLVM 所提供的众多实用工具之一,它被用来打印 LLVM 程序的执行时信息。其基本语法形式如下所示:

llvm-prof [options] [bitcode file] [llvmprof. out]

在上述命令行公式中,llvm-prof 工具读取 llvmprof. out(也可以使用一个特定的文件作为第三个程序参数)和一个程序的二进制文件(bitcode 文件)作为输入,然后产生人类可读的报告,根据该报告就能够看出当前程序的热点所在。命令行中的 options 选项共有三种形式,可以根据需要选择其中任何一种形式。三种形式分别如下。

● --annotated-llvm or -A

使用该形式,除了正常的打印报告外,还会打印输出程序的代码,代码中会注释有执行频率等信息。当需要知道 IR 程序中基本块的执行频率时,该选项就变得非常有用。

- --print-all-code

使用该形式能够默认激活--annotated-llvm 选项,但是该选项打印的是整个模块的信息,而不仅仅是执行最频繁的几个函数的信息。

- --time-passes

使用该形式能记录每个 pass 所消耗的时间,并打印输出到标准错误输出流上。

从上述描述中可以看出,使用 llvm-prof 工具最多只能够得到基本块执行频率等信息,而无法得到更进一步的信息,譬如函数或者基本块中指令的执行次数等。不过,这可以通过修改 llvm-prof. cpp 文件来实现我们所期望的功能,获取我们所需要的信息。llvm-prof. cpp 文件位于 llvm/toos/ 目录下。

opt 工具是 LLVM 的一个模块化的分析器和优化器,利用它可以调用 LLVM 提供的诸多 pass,我们自己编写的 pass 也需要通过该工具来调用。其基本语法形式如下:

$$\text{opt}\ [\ \text{options}\ ]\ [\ \text{filename}\ ]$$

它的输入文件是 LLVM 的 IR 源文件,该命令根据所给定的选项对输入文件执行相应的优化或分析,最后输出优化后的文件或者是分析后的结果。opt 工具的选项众多,在实验中需要用到的主要是如下几个。

- -dot-cfg

该选项的作用是输出 IR 文件的 CFG 信息到. dot 文件中。

- -print-cfg-sccs

该选项的作用是打印每个函数 CFG 的强联通分量。

- -load

该选项的作用是用于加载动态目标的文件,即通常所说的. so 文件。我们编写的 pass 所生成的目标文件即通过该选项来加载。

应用 opt 工具的上述选项只能够得到一些基本的信息,我们需要根据实际的需求在此基础上进行二次开发或者编写自己的 pass,来获取我们想要得到的信息。

clang 是一个 C、C++、Objective-C 和 Objective-C++等 C 家族编程语言的编译器前端,它采用了 LLVM 作为其后端。其基本语法形式如下所示:

$$\text{clang} \big[\text{ options } \big] \big[\text{ input } \big]$$

clang 接受 C 语言家族源程序作为输入文件,根据命令参数所指定的选项对输入文件进行相应的操作。clang 编译器的选项较多,在实验中需要用到的主要是如下几个。

- −emit−llvm

该选项的作用是把输入文件用 LLVM 的汇编和目标文件形式进行表示。

- −c

该选项的作用是只对输入文件进行预处理、编译和汇编操作。

- −o <file>

该选项的作用是指定输出到 file 文件。

- −S

该选项的作用是只进行预处理和编译操作。

以冒泡排序程序 bubble. c 为例,使用命令 clang −emit−llvm −S bubble. c −o bubble. ll 就可以生成人类可读的 bubble. ll 文件,该文件的表示形式是 LLVM 的 IR 中间代码。使用命令 clang −emit−llvm −c bubble. c −o bubble. bc 生成的是人类不可读的 LLVM 的 IR 中间表示形式。后续的实验需要用到 LLVM 的 IR 中间代码,使用 clang 编译器配合上述几个选项就可以得到我们想要的信息。

3.5.1　实验环境及实验步骤

实验环境是 Intel(R) Core(TM)2 Duo CPU2. 53GHZ,操作系统是 Centos5. 5,内核版本为 2. 6. 18,LLVM 编译器的版本是 2. 6。目标平台是 Xilinx 公司的 ML505 开发板,其中软件处理器为 32 bit 软核处理器 MicroBlaze V7,工作频率为 125 MHz。在 MicroBlaze 上运行 Xilinx Open Source Linux 操作系统。硬件处理器为 FPGA。在 FPGA 中,RAU 通过 FSL 接口与软核处理器 MicroBlaze V7 进行数据交互。

实验步骤如下。

1. 高级语言编译

使用 llvm-gcc 工具将 C/C++代码编译为 LLVM 的中间代码 ∗. bc 文件,并使用函数内嵌优化,从而保证不存在含有函数调用的循环。当源文件规模较大时,还需要 llvm-link、llvm-ar、llvm-ld 等工具将多个目标文件链接成一个 ∗. bc

文件。

2. 插桩

使用 LLVM 的 opt 工具调用 edge profiling 的插桩 pass,在 LLVM 的中间代码中插入计数器代码。命令行为 opt−q−f−insert−edge−profiling ∗. bc−o ∗. bc. inst。

3. 运行插桩后的程序

运行插入计数器后的代码,收集计数器的值,写入反馈文件 llvm−prof. out 中。命令行为 lli−fake−argv0 ∗. bc. inst−o llvm−prof. out。

4. 循环运行时信息分析

本章新建了 loopruninfo pass,以完成循环的识别、反馈文件的读取和循环的运行时信息的分析与计算。命令行为 opt−load ＄libPath/libloopruninfo. so−loopruninfo ∗. bc llvm−prof. out−o loopruninfo. txt。

3.5.2　实验结果与分析

本节获取的大部分信息无法通过现有其他工具或方法获取,只有具有固定特征的循环的迭代次数和调用次数可以通过其他方法间接获取,其中具有循环初值、终值及步进值确定且在运行时不变特征的循环,其迭代次数可以通过静态分析间接获取;另外单层循环或嵌套循环的外层循环,且自身不在条件判断中的循环,其调用次数能够通过 gprof 工具间接获取。

为了验证算法的正确性,对比了本章及上述间接方法获取的迭代次数和调用次数。从表 3.3 和表 3.4 中的数据可以看出,本章算法与静态分析、gprof 工具间接分析结果一致,可以说明本章分析的迭代次数、调用次数是正确有效的。

表 3.3　循环迭代次数的比较

MiBench	循环名称	迭代次数	
		静态分析	本章算法
bitcount	bit_shifter−bb1	30	30
basicmath	qsort−bb3	32	32
qsort	main−bb3	5 000	5 000

表 3.3(续)

MiBench	循环名称	迭代次数	
		静态分析	本章算法
dijkstra	main-bb6	100	100
patricia	pat_insert-bb25	28	28
blowfish	main-bb21	32	32
sha	sha_transform-bb1	16	16
Jpeg	emit_dqt-bb14	64	64

表 3.4 循环调用次数的比较

MediaBench	循环名称	调用次数	
		gprof	本章算法
Jpeg/cjpeg	forward_DCT-bb17	128	128
Jpeg/djpeg	decode_mcu-bb75	1 024	1 024
mpeg2dencode	Fast_IDCT-bb	1 152	1 152
mpeg2encode	fullsearch-bb8	960	960
JM/ldecod	itrans-bb41	5 864	5 864
JM/lencod	dct_luma-bb19	180 213	180 213
Tmn-1.7	FindHalfPel-bb25	12 432	12 432
Tmndec-1.7	clearblock-bb1	75 183	75 183

本章对 MiBench 和 MediaBench 中循环的运行情况进行了分析,表 3.5 列出了各个应用中执行时间最长的核心循环及其子循环的运行时信息。由表 3.5 中的占时间比例列的数据可以看出,核心循环占据了程序大部分的运行时间。研究人员可以依据不同的情况对不同运行时间比例的循环进行加速,如 Nimble 编译器将运行时间占总时间的比例超过 1% 的循环放在可重构处理器上加速。但是只根据运行时间选择待加速循环容易陷入局部最优,因为并不是所有的核心循环都能够带来加速效果,如表 3.5 中 Patricia 应用循环 pat_search-bb1,其运行时间占程序总运行时间的 65.1%,根据 Nimble 编译器待加速循环的选择

标准,该循环可以放在可重构处理器上进行加速。然而,通常通用处理器运行频率是基于 FPGA 的可重构处理器频率的 10 倍以上,循环 pat_search-bb1 的迭代次数为 9 次,即使对其进行完全的循环展开优化即并行度为 9,在忽略通信开销的情况下,该循环在可重构处理器上运行也难以取得加速效果。

软硬件间通信开销是将循环放在可重构处理器系统上实现时软硬件间的通信开销。当通信次数较多或通信量较大时,通信开销不能忽略。调用次数表示通用处理器与可重构处理器之间通信的次数,如表 3.6 中 Bitcount 应用循环 bit_shifter-bb1 的调用次数为 75 000 次、Mpeg2/encode 应用循环 dist1-bb36 的调用次数为 117 084 次,均是上万次的。大量调用次数将带来大量的通信开销,从而导致整个可重构计算系统性能的下降。

在本章的循环运行时分析算法中,循环运行时间的计算如式(3.10)所示,其中每条指令的平均运行时间 T 在不同的处理器上是不同的,为了验证循环的运行时间是否正确,本章采用了手工加入测试时间函数 gettimeofday( ) 的方法计算循环的真实运行时间。本章算法与手工算法的对比,见表 3.6。从表 3.6 中的数据可以看出,本章算法与手工算法分析结果一致,可以说明本章计算的循环运行时间是正确有效的。

循环在硬件处理器上实现时软硬件间通信时间的计算如式(3.12)所示,其中每传输一个数据的时间 t_{comm} 在不同的通信设备上是不同的。本章采用 FSL 总线完成通信,每次使用 FSL 总线,需要打开和关闭 FSL,打开和关闭的平均时间为 1.56 ms。而从软件传输数据到硬件上时,每传输 1 个数据则需要的传输时间为 $0.78×10^{-3}$ ms,从硬件传输数据到软件上时,每传输 1 个数据则需要的传输时间为 $0.83×10^{-3}$ ms。

图 3.10 是使用本章算法估计的软件到硬件通信开销曲线与真实值曲线的比较结果。从图中可以看出,估计值与真实值的趋势吻合,数值也是比较准确的。图 3.11 是使用本章算法估计的硬件到软件通信开销曲线与真实值曲线的比较结果。从图中可以看出,尽管真实值跳跃性较大,但是总体规律仍然符合估计曲线的趋势。

表 3.5 核心循环运行时信息

类别	循环名称	嵌套层次	平均迭代次数	调用次数	运行时指令数	占时间比例/%
MiBench						
Bitcount	bit_shifter-bb1	1	30	75 000	27 375 000	43.99
Basicmath	usqrt-bb3	1	32	66 384	49 613 573	84.03
Qsort	main-bb3	2	5 000	1	2 050 004	15.12
	susan_smoothing-bb30	1	288	1	608 702 692	99.98
susan	susan_smoothing-bb28	2	384	288	608 700 094	99.98
	susan_smoothing-bb23	3	15	110 592	604 606 464	99.31
	susan_smoothing-bb21	4	15	1 658 880	583 925 760	95.91
Dijkstra	dijkstra-bb12	1	757	100	236 764 588	75.16
	dijkstra-bb11	2	100	75 721	236 309 962	75.02
Patricia	pat_search-bb1	1	9	62 721	20 156 376	65.1
Blowfish	main-bb31	1	81 188	1	14 0781 454	46.65
	main-bb5.i	2	38	81 189	77 941 282	25.83
Sha	Sha-transform-bb4	1	64	50 744	71 599 784	32.69
Adpcm/rawdaudio	Adpcm-decoder-bb21	1	999	13 306	887 952 321	99.96
Adpcm/rawcaudio	Adpcm-coder-bb26	1	999	13 306	1 045 115 856	99.96
CRC32	crc32file-bb1	1	26 611 199	1	372 556 800	100
	fft_float-bb17	1	15	1	23 691 550	61.06
FFT	fft_float-bb15	2	2 184	15	23 691 291	61.06
	fft_float-bb13	3	7	32 767	23 232 508	59.88

表 3.5(续)

类别	循环名称	嵌套层次	平均迭代次数	调用次数	运行时指令令数	占时间比例/%
MediaBench						
Jpeg/cjpeg	encode_mcu_AC_refine-bb20-bb20	1	63	20 480	25 019 073	21.28
	encode_mcu_AC_refine-bb8	2	63	20 480	24 596 480	20.92
Jpeg/djpeg	ycc_rgb_convert-bb3	1	1	512	10 487 808	36.3
	ycc_rgb_convert-bb2	2	512	512	10 487 808	36.26
Mpeg2/decode	Saturate-bb5	1	64	1 152	1 331 712	13.65
	dist1-bb36	1	5	117 084	$1.52×10^8$	63.86
Mpeg2/encode	dist1-bb70	2	9	3 368	18 073 496	7.585
	dist1-bb68	3	16	32 232	17 663 136	7.413
JM/1decod	EdgeLoop-bb157	1	11	2 710	7 924 004	8.405
	SetupFastFullPelSearch-bb54	1	1 088	396	$1.37×10^9$	27.91
JM/lencod	SetupFastFullPelSearch-bb75. outer	2	3	431 244	$1.36×10^9$	27.74
	SetupFastFullPelSearch-bb75	3	3	1 724 976	$1.32×10^9$	26.82
Tmn-1.7	FindHalfPel-bb25	1	9	12 432	995 450 028	12.86
Tmndec-1.7	conv422to444-bb22	1	576	18	$4.93×10^8$	34.76
	conv422to444-bb20	2	352	103 68	$4.93×10^8$	34.75

表 3.6 循环运行时时间的对比

MediaBench	循环名称	准确值	本章算法	误差
JM/ldecod	EdgeLoop-bb157	8.245	7.924	3.99%
JM/lencod	SetupFastFullPelSearch-bb54	130.270	137	5.37%
Tmndec-1.7	conv422to444-bb22	48.027	49.3	2.08%
Mpeg2/encode	dist1-bb36	175.007	152	13.14%
Tmn-1.7	FindHalfPel-bb25	1 140.587	995	12.71%
平均误差:7.46%				

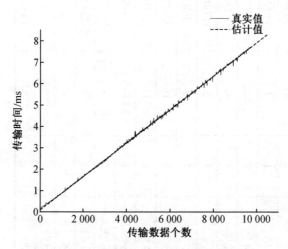

图 3.10 使用本章算法估计的软件到硬件通信
开销曲线与真实值曲线的比较结果

综上所述,可重构系统待加速循环的选择需要综合考虑循环运行时间、并行度、通信开销等条件。本章算法获取的循环运行时间、迭代次数、调用次数等循环运行时关键信息,为待加速循环选择所需考察的条件提供了较全面的运行时信息支持。研究人员可以灵活利用本章获取的运行时信息,依据不同的加速目标选择待加速的核心循环。

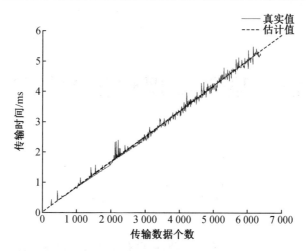

图 3.11 使用本章算法估计的硬件到软件通信开销曲线与真实值曲线的比较结果

3.6 本 章 小 结

本章提出一种基于 edge profiling 的循环运行时信息分析算法,该算法首先通过基于支配关系的循环识别技术从 CDFG 中识别出所有循环结构,分析出循环的头节点、循环包含的基本块集合等静态信息,并根据 edge profiling 动态分析技术收集的控制边的执行次数,分析计算出应用程序中循环的调用次数、执行时间及占程序总时间百分比、软硬件间通信开销等运行时信息,且在 LLVM 开源编译器上实现了整个算法。实验表明,本章提出的分析算法可以准确地获得循环的调用次数、运行时指令数及软硬件间通信开销等运行时关键信息,能够为可重构计算系统中待加速循环的选择提供较全面、精确的依据,对研究人员进行可重构系统中软硬件划分技术的研究具有重要的辅助作用。

第 4 章　硬件实现代价的估计算法

4.1　引　　言

　　循环在 FPGA 上实现代价有三种:软硬件间的通信开销、硬件执行时间/面积。上一章对软硬件间的通信开销进行了研究,本章着重介绍硬件执行时间/面积的估计。研究硬件执行时间/面积的估计算法,可以大幅度减少编译过程中耗时的硬件综合以及布局布线工作量,不仅能够为软硬件划分的快速实现提供充分条件,而且为面向硬件的编译优化技术提供了重要的辅助信息,具有十分重要的科学与工程价值。在对现有硬件执行时间/面积研究现状的讨论中发现,已有的高层次硬件执行时间/面积估计算法往往与特定的硬件实现环境(如 FPGA 的某种结构及其使用的工具链属性等)相关,对循环实现时可能的多个版本的硬件实现代价的估计也支持不足。本章针对以上问题,提出一种带有改进的高层次硬件执行时间/面积估计算法。面向高级程序语言运算逻辑表达式,推导出一整套与实现环境无关的硬件执行时间/面积估计公式,再利用反馈信息对推导出的估计公式进行修正,使其可以适用于各种不同的实现环境。之后结合修正后的估计公式和面向硬件的编译优化技术,设计并采用一种面向循环在 FPGA 上实现时多版本特征的估计算法。该算法能够快速、精确地估计出不同程序片段在 FPGA 上实现时的硬件执行时间/面积,尤其能够对循环实现时各个不同硬件版本的执行时间/面积进行估计。

　　本章的组织结构如下:首先,对面向高层次硬件执行时间/面积的估计算法进行了分析研究;其次,针对现有算法存在的问题,推导出一整套与实现环境无关的硬件执行时间/面积估计公式;再次,设计了一个修正估计框架,针对不同的实现环境,利用反馈信息修正估计公式;再再次,结合修正后的估计公式,设计了一种面向循环在 FPGA 上实现时多版本特征的估计算法;最后,在实验部分,对推导的估计公式及设计的估计算法的有效性和精确性进行了验证。

4.2　现有硬件执行时间/面积估计算法

国内外研究者提出了各种硬件执行时间/面积估计算法,根据不同的标准,可以分为多种类别。分类标准有估计对象的粒度粗细、计算模型,估计层次与估计策略等。与软硬件划分类似,估计算法也有估计粒度,一般应用于软硬件划分中的估计算法采用与划分粒度一样的估计粒度。估计对象的计算模型一般是指软硬件划分中的系统模型。估计算法的估计层次是指数字系统设计中的设计层次,包括系统层、寄存器传输层、逻辑层等。在不同的层次,估计算法面对不同的设计细节,如估计对象、估计策略等,具有不同的精确度。本节首先根据设计层次对估计算法进行简单分类:系统层估计算法和寄存器传输 RTL/指令层估计算法。

(1)系统层估计算法

在系统设计早期阶段,大量的高层次决策(比如软硬件划分)需要在短时间内确定。为了给设计者提供不同设计方案的硬件信息,需要快速的系统层估计算法。相对于精确性,估计速度是这一层估计算法追求的主要目标。在系统层,各系统功能完全使用高级程序语言 HLL(high level language)描述。硬件信息估计算法通常通过执行 HLL 或者其 IR 的调度和资源的绑定来获得精确的硬件度量(metric),包括所需时钟周期数和硬件资源的个数。

(2)RTL/指令层估计算法

在软硬件划分和生成低级硬件描述 HDL(hardware description language)之后,特定的硬件描述潜在的细节,使硬件执行时间/面积的估计更加精确。该类估计算法需要考虑到资源的相关信息,如硬件资源的分配与调度、共享等大量细节信息。RTL/指令层估计算法通常速度较慢,研究人员经常使用简单的硬件模型来加速估计过程。

除了精确性和估计速度要求不同外,系统层估计算法和 RTL/指令层的另一个重要区别是:在系统层,估计算法面对的是 HLL 或者 IR,在将 IR 转换为底层硬件描述语言的过程中,需要使用面向硬件的编译优化技术,如循环展开、循环流水等。不同面向硬件的编译优化技术生成的硬件版本的硬件执行时间/面积是不同的。而在 RTL/指令层,估计对象是生成好的特定硬件版本。因此系统层估计算法还需能够估计硬件多版本的硬件执行时间/面积等硬件信息。

本书研究的软硬件划分主要在系统层,因此下面对系统级硬件实现代价估计算法进行详细探讨。在所有估计算法中,最精确的算法是将 HLL 描述的应用程序转换为低级硬件语言描述,然后对 HDL 描述的程序进行综合、布局布线等,从而获取真实的硬件信息。然而综合、布局布线是非常耗时的,对此,研究者提出了大量高层次硬件执行时间/面积估计算法。本节根据估计策略不同,对现有估计算法进行粗略分类,如下。

(1)类综合的估计算法

硬件执行时间/面积的估计即预测 HLL-to-HDL 编译及综合、布局布线等高级综合过程的结果。有研究人员通过模仿整个高级综合过程,如直接调度、资源分配、操作赋值、互连绑定等高级综合技术,来估计设计所需硬件延时和硬件资源。该算法使用 FPGA 的简单模型,仅使用标准 LUT 和多路选择器作为基本元件。除了估计硬件面积,研究人员还提出一种算法来计算在给定硬件资源约束条件下,硬件延迟的下限。延迟下限值以关键路径延迟为基础,且依赖于关键路径上的资源约束。尽管该算法没有考虑综合优化技术,简化并加速了高级综合过程,但是估计速度仍然较慢。

(2)基于神经网络的估计算法

神经网络可以被训练为识别复杂系统的单一特定方面,类似于线性回归。这使得量化隐藏(quantify hidden)或者降低系统的复杂度成为可能。Xilinx 公司的神经估计器(nestimator)通过学习成百上千个测试用例的行为级综合结果特征来预测估计结果。其前馈神经网络包含四层神经,隐藏层采用非线性 S 型神经元,输出层采用线性神经元。神经网络的输入是 CDFG 的性能特征,如每一个功能单元类型的平均延迟、面积;使用每一个功能单元类型的节点数;节点的平均位宽和方差(表示节点和互联面积);平均路径长度和方差(表示互联面积);输入、输出平均数和方差(表示互联和控制器面积);CDFG 的复杂度等。但是基于神经网络的方法具有三个缺点:首先,定义一个正确的神经网络,需要一个足够大的训练集,训练过程是耗时的;其次,训练的神经网络是透明的,这就使得证明结果是正确的;最后,训练的神经网络专门用于数据集。例如,一个神经面积预测器被训练为使用工具 A 综合的设计,它通常不能直接应用到工具 B。

（3）基于相关性的估计算法

基于相关性的估计算法类似于基于神经网络的估计算法，即将硬件执行时间/面积等信息和其他容易确定的信息关联起来；不同的是，基于相关性的估计算法通常依赖于概率或者基于高级应用特征的整数线性规划模型。J. Wawrzynek 等提出了一种基于布尔函数的算法，使用复杂性度量（complexity measure）估计 HLL 的硬件面积。在布尔函数集中，该复杂性度量基于初始蕴涵（prime implicants）的大小和概率，与实现一个函数所需的面积呈指数关系。M. Taylor 等提出了一种专门针对软硬件划分的基于 metrics 的硬件面积估计算法，通过构建一个预处理信息数据结构来保存连续迭代间的基本设计信息，使划分算法在每一个迭代过程中更新面积估计结果。P. M. Athanas 等将该估计技术整合到 COSYN 编译器中来证明该估计算法是有用的。P. Diniz 等提出了一种定量预测模型，该模型是 Delft 编译器的一部分，通过线性回归在软件复杂度（software complexity metrics，SCM）中捕捉计算机程序和函数的特征，如程序大小或者控制密度等，然后借助主成分分析（principal component analysis，PCA）和线性回归分析得到硬件执行时间/面积等硬件特征的预测值。该算法的缺点是需要运行大量的测试用例抽取 SCM，过程比较耗时。

（4）基于加权求和（weighted sum）的估计算法

基于加权求和的估计算法，即首先将系统分为小的组件，为每一个组件赋一个权重，然后通过组件的权重求和计算整个系统的估计值。权可以表示组件的多种属性，如输入、输出位宽和松弛度等。目前的高层次硬件执行时间/面积估计算法大多采用基于加权求和的估计算法。相对于其他算法，该算法能够快速地完成硬件执行时间/面积的估计。一般首先为 HLL 中的基本运算赋一个权重，即单个运算的硬件执行时间/面积占用的硬件资源个数，然后利用加权求和的估计算法计算整个 HLL 描述的应用程序的硬件执行时间/面积。

S. Y. Kung 提出了一种基于 IP 核的代码转换机制和通用可重构器件描述方法的硬件执行时间估计算法，该算法估计的对象是 CDFG，节点是基本块。其首先通过基于 IP 核的代码转换机制：源程序经过前端处理器抽象为 CDFG，然后使用 IP 核库中的 IP 核实例代替 CDFG 中的各个节点，使用 IP 核实例间的硬件连线代替 CDFG 中的各个边。相应的硬件执行时间估计分为两部分：IP 核实例的逻辑延时及用于传输数据的硬件连线的布线延时。其中 IP 核实例的逻辑延时可从 IP 核库中直接读取。IP 核实例间的布线延时还可细分为四部分：寄存器的传输延时、输入保持时间，连线两端的局部互联结构的延时以及布线延时。其中寄存器的传输延时、输入保持时间可以从所用 FPGA 器件的帮助文档中获取，而布线延时则需要估计计算得到。其是指定了一种算法，模拟布线的起点、终点和布线延时参数，然后按照一定的规则计算估计出布线延时。最后计算整个流水线的最大时钟频率（最小时钟周期的倒数）。另外，其还估计了循环流水后生成的硬件执行时间。估计算法是假设一个基本块生成深度为 d、最大工作时钟频率为 f 的流水线电路，那么该基本块运行 n 次的时间为 $(d+n-1)/f$。该估计算法的缺点之一是误差率大。本章实现了上述算法的实例，结果误差在33%左右。此外，该算法只是估计了运算部分，没有考虑硬件版本的控制部分、存储部分。

J. Callahan 等提出的面向 Matlab 的快速面积估计器（area estimator）也是将运算映射为 IP 核；不同的是，其认为构建一个数据库，保存所有可能的 IP 核是不现实的，因为可能存在无数的组合。该算法所需存储非常小，认为大多 IP 核是可参数化的，任何 IP 核的关键路径包含一些可重复元件，因此 IP 核的延迟可以表示为一个基于重复元件及重复次数的公式，其中重复次数依赖于各种参数，如输入位宽、扇入等，通过 IP 核公式计算关键路径的逻辑延时。J. Callahan 等也估计了布线延时。布线延时直接依赖于连线的长度，一个好的延迟估计需要精确地估计线路的平均连线长度。J. Callahan 等使用 S. Vernalde 等提出的定律确定平均连线延迟：如果假设一个 FPGA 布局工具提供了一个节点划分，则外部连线的平均数符合租赁规则（rent'rule），如下式所示：

$$L=\sqrt{2}\frac{(2-\alpha)(5-\alpha)}{(3-\alpha)(4-\alpha)}\frac{C^{p-0.5}}{1+C^{p+1}} \tag{4.1}$$

$$\alpha=2(1-p) \tag{4.2}$$

式中　C——CLB 的个数；

　　　p——参数，经验值为 0.72。

M. Nayak 等提出的硬件面积估计算法，首先提出硬件涉及四个因素：操作的个数、每种类型操作的个数、操作的位宽及寄存器的个数；然后使用精度和误差分析算法分析确定整数和浮点变量的最小位宽。其次使用 Synplicity 公司的 Synplify 综合工具估计各个操作在 Xilinx XC4010 FPGA 上实现时所占用的 LUT 个数 N_f，使用左边缘算法（left edge algorithm）计算同时映射到寄存器 Flip-flop

的变量个数 N_r，并使用了一个简单经验公式来计算配置逻辑块 CLB 的个数，计算公式如下：

$$N_{\text{CLB}} = 1.15 \cdot \max\left(\frac{N_f}{2}, N_r\right) \tag{4.3}$$

C. J. Alpert 等提出的估计算法整合了一个编译器前端和一个估计模型。其中编译器是将 C 语言转换为高级优化 IR 代码，而估计模型是基于带有应用特定的异构功能单元的架构模板。估计延时分为逻辑延时和布线延时，其中逻辑延时使用 ISE 工具综合获取，C. J. Alpert 等给出了 16 bit 和 32 bit 运算在 Virtex-Ⅱ Pro(xc2vp70-6ff1704) 芯片上的延时。为了精确地预测设计的布线延时，C. J. Alpert 等执行了一个简单的布局规划的过程(floor-planning process)，该过程使连线延迟更加精确。

一些研究人员将硬件设计分为计算模块、控制模块等，并针对每个模块的特征进行估计。R. Kastner 等提出了一种基于加权求和的硬件执行时间/面积估计算法，通过确定关键路径来估计硬件执行时间，其中包括存储的输入和输出数据的时间、软硬件间传输数据的延时、任务同步的延时。在估计硬件面积时，将计算模块所需 Flip-Flops 个数和存储模块所需 LUT 个数分开估计，使得两种资源的估计都更加精确。针对面向软件语言，如 C 或者 Matlab 的面积估计，D. E. Tnomas 等尝试从源代码中抽取面积估计相关的操作，然后和一个操作库中的模型进行匹配，使用时间信息查找资源是否可以共享，由于作者没有考虑到控制逻辑对面积估计的影响，该算法的精确度并不理想。

调度对估计结果也有一定的影响。E. A. Lee 等尝试使用不同的时间约束，计算整个设计延时的权衡曲线(trade-off curve)。该算法使用 H-CDFG。自下向上遍历 H-CDFG，使用不同的时间约束值，调度 H-CDFG 并进行资源分配。多个 CDFG 所需资源的总数的计算基于多个启发式算法与确定性求和规则。E. A. Lee 等又在给定输入及性能约束条件下，估计了一个数据流图所需的最小硬件面积。其估计了每一种类型模块的个数以及模块互联所需的面积，说明了如何通过调度(as soon as possible，ASAP 和 as late as possible，ALAP)一个 DFG、所需模块的最小个数及所需连接通道来确定最小面积。

除了估计整个设计所需的硬件资源，一些研究人员还尝试估计设计的特定方面对面积估计的影响。如 R. K. Gupta 等估计了循环展开优化技术对面积估计的影响。该算法模拟循环的流水和完全、部分展开技术，增加了操作个数和粗粒度数组的索引。其提出,硬件面积估计技术应该考虑到外部循环的展开、循环 strip-mining,循环合并和优化循环展开的副作用,从而使面积估计值更加准确。T. Benner 等介绍了在 SA-C 编译器中面积估计对编译器优化技术的影响,该估计算法在编译优化阶段和真实综合阶段之间进行。因为估计是针对专门的编译器,估计算法能够使用 DFG 中的节点的细节特征,每个 DFG 节点为一个 SA-C 操作,通过将 SA-C 操作转换为 VHDL 示例,使用 synplify 工具综合 VHDL 文件且记录真实面积,然后使用一个线性递归分析方法拟合出各个操作消耗的面积公式,估计的硬件资源为 LUT。

M. B. Abdelhalim 等提出了一种面向扩展软硬件划分的基于 FPGA 的硬件执行时间/面积估计工具。考虑到硬件编译优化技术对估计算法的影响,采用不同编译技术的实现方式具有不同的硬件执行时间/面积,为软硬件划分设计空间探索提供了额外的自由度。但为了简化估计复杂度,其只估计了性能最好和最差的两个硬件版本。硬件执行时间/面积的估计步骤包括:首先选定一个 FPGA 器件,然后使用 Altera Quartus-Ⅱ RTL 综合和物理设计工具获得单个运算的关键路径延时及 LUT 个数,收集不同位宽时单个运算的延时及面积数据,使用 Matlab 的曲线拟合工具得到最佳拟合曲线,拟合出各个运算的延时及面积随着位宽变化的趋势。P. Zebo 和 P. Marwedel 等同样给出了根据特定 FPGA 器件综合数据曲线拟合或者回归分析出的单个运算估计公式。

基于加权求和方法的高层次硬件执行时间/面积估计算法,时间复杂度低,适宜用在软硬件划分中,然而现有算法存在以下三个问题。

(1)估计公式通用性差

对于高级语言(如 C)的单个运算操作来说,其硬件执行时间/面积与将该运算映射为硬件电路所使用的综合、布局布线等工具链属性有关,如 ISE 中的工程属性(project property)包括设备属性(family, device)、包(package)和速度(speed)等,改变其中任一个属性,硬件电路执行时间/面积则会相应改变。除了工具链属性,进程属性(process project)也会影响到硬件执行时间/面积的大小。现有高层次硬件执行时间-面积估计算法大多使用曲线拟合的方法拟合单个运算的估计公式,使得拟合得到的公式具有局限性,只能适用于特定 FPGA 及工具链属性下。

(2)编译优化技术对硬件执行时间/面积的影响

相对于逻辑层硬件执行时间/面积估计算法,面向软硬件划分的高层次估计算法的输入语言是高级描述语言(如 C 等)或者中间代码,高层次估计算法需要考虑面向硬件的编译优化技术对硬件信息的影响,例如,对于循环,使用循环展开优化技术,可以提高循环的并行性,同时也消耗了更多的硬件资源。除了循环展开外,循环流水、脉动阵列结构等都会对硬件执行时间/面积产生较大的影响。因此一个完备的高层次估计算法需要能够估计在面向不同硬件编译优化映射时,采用循环等程序结构的硬件执行时间/面积。现有的估计算法只有 A. Sharma 等估计了循环展开对硬件信息的影响,还没有方法讨论针对循环流水等常用的编译优化技术对硬件实现代价估计的影响。

(3) 只估计基本元件的使用量,忽略了 DSP48 等复杂的专用元件使用量的估计

大多数算术运算、逻辑运算和比较运算占用的 LUT 个数是位宽的线性函数,而乘法运算则是位宽的二次函数。乘法运算占用的 LUT 个数是相同位宽的其他算术操作的几个数量级。如在 Virtex 5 系列 FPGA 上,ISE 综合结果显示,一个 32 bit 乘需要使用 737 个 LUT,而 32 bit 加法只需 32 个 LUT。据统计,耗用大量 LUT 等基本元件的乘法运算大约占全部算术运算的 1/3。因此近几年,Xilinx 等商业公司在 FPGA 中集成了一种专用乘法器,例如 Virtex 4 中的 DSP48,Virtex 5 中的 DSP48E 等。DSP48E 的最大频率高达 550 MHz,且具有功耗低等优点,然而现有在 FPGA 中集成的专用乘法器个数较少,对于大型计算密集型应用来说,DSP48E 等专用乘法器是不够用的,当芯片上的专用乘法器使用完时,则需要使用 LUT 等基本元件构建。因此在估计乘法运算的硬件执行时间/硬件资源时,需要估计 LUT 和专用乘法器两种元件的使用量及执行时间。

4.3　高层次硬件执行时间/面积估计算法

针对现有高层次硬件执行时间/面积估计算法的不足,本节提出了改进的估计算法,采用加权求和的方法,面向程序语言运算逻辑表达式,自定义了一种基于反馈修正的 FPGA 器件无关的硬件执行时间/面积估计公式,作为各个运算的权重,结合修正后的估计公式和面向硬件的编译优化技术,设计并采用一种面向循环在 FPGA 上实现时多版本特征的估计算法。下面对 FPGA 器件无关

的硬件执行时间/面积估计公式、估计公式的反馈修正及面向循环硬件多版本的估计算法进行详细描述。

4.3.1　FPGA 器件无关的硬件执行时间/面积估计公式

高级语言运算的硬件执行时间/面积即通过 HLL-to-HDL 转换,综合、布局布线等工具映射到特定 FPGA 上的电路执行时间/面积,不同的 FPGA 器件或综合、布局布线属性,硬件电路的构成及各个基本元件的硬件延时是不同的。尽管如此,但硬件电路的基本设计思想是不变的,即基于与非、异、或的最简逻辑表达式是不变的,以这种不变性为硬件执行时间/面积估计的原则,本节自定义了一种 FPGA 器件无关的硬件执行时间/面积估计公式。另外为了验证估计公式的正确性,本节将基于 C 语言的算术运算、比较运算、逻辑运算在不同 FPGA 上进行综合,FPGA 芯片分别为 Spartan-3E(3S500EFG320-4)、Virtex4(4VFX12FF668-10)、Virtex 5(5VLX50TFF1136-1)、Virtex 7(XC7VX485T-2)、Kintex 7(XC7K325T-1),并根据实验结果拟合各个运算的硬件执行时间/面积的估计曲线,验证及修正推导出的估计公式。下面分类介绍各类高级描述语言运算的硬件执行时间/面积公式。

1. 加法/减法运算

加法器是最为成熟的数字电路,有许多种实现方法,其中最基本的为全加器(full adder)。一个二进制全加器单元有三个输入变量:操作数 A_i 与 B_i、低位传进来的进位信号 C_{i-1}。现在广泛采用的全加器求和逻辑状态是:两个半加器(half adder)使用异或逻辑实现,用两次半加器实现一位全加器。这种全加器形态的逻辑结构比较简单,有利于实现快速进位传递。该种形态的逻辑表达式如下:

$$HE_i = A_i \oplus B_i \tag{4.4}$$

$$C_{i-1} = A_{i-1}B_{i-1} + HE_{i-1}C_{i-2} \tag{4.5}$$

$$E_i = HE_i \oplus C_{i-1} \tag{4.6}$$

由 n 个 1 位全加器构造的 n 位全加器称为并行进位加法器(ripple-carry adder)。该名称源于进位的计算方式。知道第 $n-1$ 个加法器可计算出它的 HE_{n-1},加法计算才算完成;结果取决于 C_i 输入以及这条路径上的多个进位,所以关键延迟路径是从 0 位输入经过 C_i 直到第 $n-1$ 位的路径。因此加法器的运算速度不仅与全加器速度有关,更取决于进位传递速度。将式(4.5)中的进位

逻辑写为通式,即

$$C_i = G_i + P_i C_{i-1} \tag{4.7}$$

式中　G_i——第 i 位的进位产生函数,或称为本地进位或绝对进位,等于 $A_i B_i$,
逻辑含义是,若本位的两个输入均为 1 必产生进位,是不受进位
传递影响的分量;

P_i——进位传递信号,或称为进位传送条件,逻辑含义是,若本位的两个输入
中至少有一个为 1 时,则当低位有进位传来时,本位将产生进位;

$P_i C_{i-1}$——传送进位或条件进位。

从本质上讲,进位的产生是从低位开始,逐级向高位传播的。常将进位传
递逻辑称为进位链。进位链分为串行进位、并行进位和组内并行、组间并行的
进位链等多种形态。其中串行进位是指,逐级形成各位进位,前 i 级进位直接依
赖于前一级 $i-1$ 级进位。设 n 位并行加法器的序号是,第 1 位为最低位,第 n 位
为最高位,则各进位信号的逻辑式如下:

$$C_1 = G_1 + P_1 C_0 = A_1 B_1 + (A_1 \oplus B_1) C_0$$
$$C_2 = G_2 + P_2 C_1 = A_2 B_2 + (A_2 \oplus B_2) C_1$$
$$\vdots$$
$$C_{n-1} = G_{n-1} + P_{n-1} C_{n-2} = A_{n-1} B_{n-1} + (A_{n-1} \oplus B_{n-1}) C_{n-2}$$

现代 FPGA 一般采用并行加法器、行波进位链逻辑结构。其中异或逻辑求
和的半加器部分,即逻辑式(4.4),使用 LUT 元件来实现,n 位的加法需要 n 个
LUT 并行实现;进位链部分,即式(4.5),使用 MUXCY 元件实现,使用 $n-1$ 个
MUXCY 实现 $n-1$ 个进位信号;最后 FPGA 使用 XORCY 元件实现半加器与进位
之和,即式(4.6)。从该逻辑结构可以看出,FPGA 中 n 位全加器的关键延迟路
径是最高位 n 位的逻辑结构,包括本位的求和逻辑、$n-1$ 个进位链逻辑、半加器
之和与进位的异或求和逻辑。n 位加法器延时 T_{add} 的计算公式如下:

$$T_{add} = T_{LUT} + T_{MUXCY} + (n-2) T_{MUXCYC} + T_{XOR} = n T_{MUXCYC} + (T_{LUT} - 2 T_{MUXCYC} + T_{MUXCYS} + T_{XOR})$$
$$\tag{4.8}$$

式中　T_{LUT} 和 T_{XOR}——元件 LUT 和 XOR 的延时;

T_{MUXCYS} 和 T_{MUXCYC}——MUXCY 在 S->O 和 C->O 的延时。

MUXCY 有两种不同的输入、输出接口:一种是从端口 S 到端口 O,另一种
是从端口 C 到端口 O,两种接口硬件延时不同。

硬件面积即硬件资源 A_{LUT} 的计算公式如下:

$$A_{\text{LUT}} = n \tag{4.9}$$

加法运算在各个 FPGA 器件上的实验拟合曲线如图 4.1 所示。从图中可以看出,加法运算的硬件执行时间和位宽 n 是呈线性关系的,与本节的结论相符。

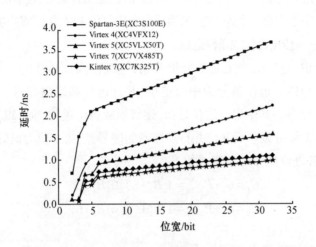

图 4.1　加法运算在各个 FPGA 器件上的实验拟合曲线

2. 比较运算

比较运算映射到硬件上为数值比较器,即比较判断两个二进制数 A 与 B 大小的逻辑电路。比较结果有 $A>B$、$A<B$ 以及 $A=B$ 三种情况。当 A 和 B 的位宽是 1 位时,比较运算的逻辑表达式如下所示:

$$F_{A>B} = A\overline{B}$$

$$F_{A<B} = \overline{A}B$$

$$F_{A=B} = \overline{AB} + AB = A \oplus B \tag{4.10}$$

式中　F——比较结果。

当 A 和 B 的位宽为 2 位时,二进制表示为 A_1A_0 和 B_1B_0,逻辑表达式则复杂一些,如下所示:

$$F_{A>B} = (A_1 > B_1) + (A_1 = B_1)(A_0 > B_0)$$

$$F_{A<B} = (A_1 < B_1) + (A_1 = B_1)(A_0 < B_0)$$

$$F_{A=B} = (A_1 = B_1)(A_0 = B_0) \tag{4.11}$$

为了减少符号种类,以 $A_i > B_i$、$A_i < B_i$、$A_i = B_i$ 直接表示逻辑函数,利用 1 位数值比较器的输出作为输入,当高位(A_1、B_1)不相等时,无须比较低位(A_0、B_0),两个数的比较结果就是高位比较的结果。而当高位相等($A_1 = B_1$)时,比较结果由低位比较结果($A_0 < B_0$)决定。

$$F_{A>B} = (A_{n-1} > B_{n-1}) + (A_{n-1} = B_{n-1}) F_{A_{n-2} > B_{n-2}}$$
$$F_{A_{n-2} > B_{n-2}} = (A_{n-2} > B_{n-2}) + (A_{n-2} = B_{n-2}) F_{A_{n-3} > B_{n-3}}$$
$$\vdots$$
$$F_{A_1 > B_1} = (A_1 > B_1) + (A_1 = B_1)(A_0 > B_0)$$

n 位比较器的原理和 2 位比较器的原理相同,如果两数相等,那么比较步骤必须进行到最低位才能得到结果。现代 FPGA 一般使用 LUT 和 MUXCY 实现比较逻辑,其中 LUT 并行实现位的比较逻辑,MUXCY 实现各个位的级联。对于 $A > B$、$A < B$,当 LUT 位数为 4 时,n 个 LUT 并行实现 n 位的比较逻辑,相应需要 n 个 MUXCY 实现位的级联。当 LUT 位数为 6 时,$n/2$ 个 LUT 并行实现 n 位的等于逻辑,$n/2$ 个 LUT 并行实现 n 位的不等逻辑,相应需要 $n/2$ 个 MUXCY 实现位的级联。从该逻辑结构可以看出,FPGA 中 n 位比较器的关键延迟路径是最高位 n 位的逻辑结构,包括本位的比较逻辑及其进位链逻辑。n 位 $A > B$、$A < B$ 延时 T_{CMP} 和面积 A_{CMP} 计算公式如下所示:

$$T_{\text{CMP}} = T_{\text{LUT}} + T_{\text{MUXCYS}} + \left\lfloor \frac{2n}{k-2} \right\rfloor T_{\text{MUXCYC}}$$
$$A_{\text{CMP}} = n \tag{4.12}$$

式中　k——LUT 的输入个数;

　　　$\lfloor \ \rfloor$——取值的下限。

对于等于比较器,当 LUT 位数为 4 时,$n/2$ 个 LUT 并行实现 n 位的等于逻辑,相应需要 $n/2$ 个 MUXCY 实现位的级联。当 LUT 位数为 6 时,$n/3$ 个 LUT 并行实现 n 位的等于逻辑,$n/3$ 个 MUXCY 实现位的级联。从该逻辑结构可以看出,FPGA 中 n 位比较器的关键延迟路径是最高位 n 位的逻辑结构,包括本位的比较逻辑及其进位链逻辑。n 位 $A = B$ 延时 T_{EQ} 和面积 A_{EQ} 计算公式如下所示:

$$T_{\text{EQ}} = T_{\text{LUT}} + T_{\text{MUXCYS}} + \left\lceil \frac{2n}{k} - 1 \right\rceil T_{\text{MUXCYC}}$$

$$A_{\mathrm{CMP}} = \left\lceil \frac{2n}{k} \right\rceil \qquad (4.13)$$

式中 $\lceil\ \rceil$——取值的上限。

3. 逻辑运算

逻辑运算相对于其他运算,逻辑关系比较简单,位与位之间没有进位或者级联。对两数进行逻辑运算,就是按位进行逻辑运算。例如,对 A,B 两数进行逻辑与,就是按位求他们的与。形式化表示如下:

$$A = a_0, a_1, a_2, \cdots, a_n$$
$$B = b_0, b_1, b_2, \cdots, b_n$$

若

$$A \text{ and } B = Z, Z = z_0, z_1, z_2, \cdots, z_n$$

则

$$z_i = a_i \text{ and } b_i, i = 0, 1, 2, \cdots, n \qquad (4.14)$$

在 FPGA 上,每一位的逻辑运算使用一个 LUT 实现,位与位之间并行执行,因此逻辑运算相应硬件电路的关键路径是一个 LUT 元件,而面积则是各位使用 LUT 的个数之和,逻辑运算的延时 T_{logic} 和面积 A_{logic} 计算公式如下:

$$T_{\mathrm{logic}} = T_{\mathrm{LUT}}$$

$$A_{\mathrm{logic}} = n \qquad (4.15)$$

4. 乘法运算

乘法运算大约占全部算术运算的 1/3,是较为耗时和占用空间较大的运算。传统乘法器通过多位乘分步实现,依靠时序逻辑控制分步,这种算法非常耗时。因此,高速的单元阵列乘法器应运而生,出现了各种形式的流水阵列乘法器。另外 Xilinx 公司的 Virtex-Ⅱ 系列 FPGA 集成了 18 bit×18 bit 的乘法器,乘法累加速度达到每秒上千亿次。乘法器可以与 18 KB 的片内块 RAM 结合使用,也可以独立使用。随后的 Virtex 4 等较新系列 FPGA 中,Xilinx 公司还集成了乘法器专用模块 DSP48、DSP48E 等,其中 DSP48 的最高工作频率为 500 MHz,具有更高性能的乘法和算术能力。

在现代 FPGA 上,乘法运算主要有两种硬件实现结构:阵列乘法器和专用乘法器。相比阵列乘法器,专用乘法器具有更高的性能和更低的功耗,然而专用乘法器的个数要远小于 FPGA 能够实现的阵列乘法器的个数。例如,在 Virtex 5 系列的 XQ5VLX85 芯片中,专用乘法器 DSP48E 的个数仅为 64 个。因此对于大规模的应用程序,FPGA 会同时使用专用乘法器和阵列乘法器实现乘法运算。下面对这两种结构的硬件执行时间/面积的估计公式进行分析。

在 FPGA 上,目前专用乘法器的输入位宽有(18×18)bit 和(18×25)bit 两种。在 Xilinx 公司新出的 Virtex 5、Virtex 6 和 Virtex 7 的 FPGA 中,专用乘法器的输入位宽为(18×25)bit。当乘法运算的位宽小于 18 bit 时,乘法运算占用 1 个专用乘法器;而当乘法运算的位宽大于 18 bit 小于 25 bit 时,则需要 2 个专用乘法器完成实现;当位宽大于 25 bit 时,需要 3 个专用乘法器完成实现。专用乘法器在不同的 slice 中。不同 slice 中专用乘法器的级联是需要布线的,因此与其他运算不同。乘法运算使用专用乘法器实现时,硬件执行时间包含两部分:专用乘法器的延时和布线延时。则乘法运算使用专用乘法器时的硬件执行时间 $T_{\text{mul-dsp}}$ 和硬件面积 $A_{\text{mul-dsp}}$ 估计公式如下所示:

$$T_{\text{mul-dsp}} = T_{\text{dsp}}n[8;15] + (T_{\text{dsp}} + T_{\text{net}} + T_{\text{dsp}})n[16;25] + (T_{\text{dsp}} + T_{\text{net}} + T_{\text{dsp}} + T_{\text{net}} + T_{\text{dsp}})n[26;32]$$

$$= T_{\text{dsp}}n[8;15] + (2T_{\text{dsp}} + T_{\text{net}})n[16;25] + (3T_{\text{dsp}} + 2T_{\text{net}})n[26;32]$$

$$A_{\text{mul-dsp}} = n[8;15] + 2n[16;25] + 3n[26;32] \qquad (4.16)$$

式中 $n[8;15]$、$n[16;25]$、$n[26;32]$——位宽 n 的三个闭区间;

T_{dsp}——一个专用乘法器的硬件执行时间;

T_{net}——级联两个专用乘法器的布线延时。

乘法运算使用专用乘法器构件(DSP)时,在各个 FPGA 器件上的实验拟合曲线如图 4.2 所示。从图中可以看出,乘法运算的硬件执行时间和位宽 n 是呈阶段函数关系的,与本节的结论相符。

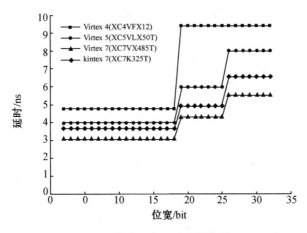

图 4.2 乘法运算使用专用乘法器构件(DSP)时,
在各个 FPGA 器件上的实验拟合曲线

　　阵列乘法器的实现过程类似于人工计算乘法运算的方法,主要包含两大部分:用若干与门产生和操作数数位对应的多个部分积数位,用多操作数全加法网络求乘积。在 FPGA 中,与门逻辑主要由 LUT 实现,全加器是指由 LUT、MUXCY 和 XOR 构建的硬件加法结构。下面以(5×5)bit 不带符号的阵列乘法器为例来说明阵列乘法器的原理。如图 4.3 中的逻辑电路图所示,FA 是我们前面所述的全加器,FA 的斜线方向为进位输出,竖线方向为和输出。前 4 行采用存储进位加法器 CSA(carray save adder),第一行实现两项部分积 b_1A 与 b_2A 相加,以后每一行加入一项部分积;同一级中没有进位连接,而是保存起来左斜传至下一级的高位。图 4.3 中阵列的最后一行采用带进位加法器(carry propagate adder,CPA),构成一个行波进位加法器。

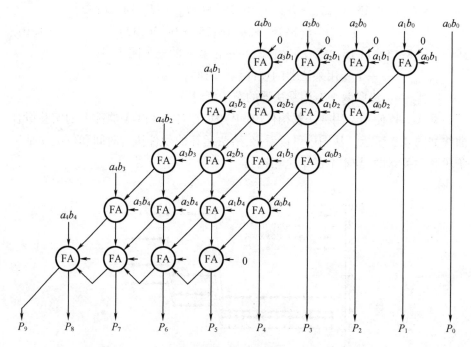

图 4.3　(5×5)bit 不带符号的阵列乘法器逻辑电路图

　　使用阵列乘法器实现(n×n)bit 乘法运算时,需要 $n(n-1)$ 个全加器 FA 和 n^2 个与门来构建。由图 4.3 可见,该乘法器的关键延迟路径沿着矩阵最右边的对角线和虚线框内的一行 FA。因此,(n×n)bit 不带符号的阵列乘法器的执行时间 $T_{\text{mul-lut}}$ 和硬件面积 $A_{\text{mul-lut}}$ 如下所示:

$$T_{\text{mul-lut}} = T_a + 2(n-1) + T_f$$

$$A_{\text{mul-lut}} = \frac{n(n-1)}{2} + 1 + A_a \qquad (4.17)$$

式中　T_a——与门的传输延迟时间;

　　　T_f——全加器 FA 的延时;

　　　A_a——与门使用的 LUT 个数,在不同的 FPGA 上值不同。

乘法运算使用专用乘法器构件时在各个 FPGA 器件上的实验拟合曲线如图 4.4 所示。从图中可以看出,乘法运算的硬件执行时间和位宽 n 是呈阶段线性关系的,与理论推导的估计式(4.17)有差距,主要原因是全加器 FA 由 LUT、MUXCY、XORCY 等多个基本元件构成,且各个元件的硬件执行时间是不同的,n 位乘法器由 $n(n-1)$ 个 FA 构成,乘法器相应硬件电路任一输入到输出的路径错综复杂,关键路径与理论推导的有少许偏差,但都是线性函数。依据实验拟合结果,将式(4.17)微调为

$$T_{\text{mul-lut}} = t_1(n)\,n[1;7] + t_2(n)\,n[8;15] + t_3(n)\,n[16;32] \qquad (4.18)$$

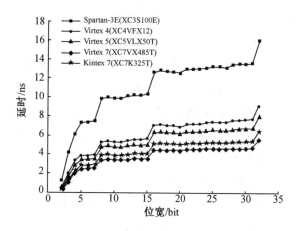

**图 4.4　乘法运算使用专用乘法器构件(LUT)时,
在各个 FPGA 器件上的实验拟合曲线**

综上所述,表 4.1 对定义的高级语言运算的硬件执行时间/面积估计公式进行了汇总。从表中公式可以看出,各个运算的硬件执行时间/面积估计公式都是运算位宽 n 的函数。按照曲线函数类型分类,硬件执行时间估计公式可分为三类:常数、线性函数、分段线性函数。其中逻辑运算的硬件执行时间估计公

式为常数,加法、比较运算则为线性函数,而用 LUT 构建的乘法运算的硬件执行时间估计公式为线性函数,用 DSP 构建的乘法运算则为分段函数。硬件面积估计公式分为两类:线性函数和二次函数。其中加法运算、比较运算及逻辑运算的硬件面积估计公式为线性函数,而乘法运算的估计公式则为二次函数。两类函数的参数是 LUT 元件的输入个数 k,即 LUT、MUXCY、XORCY、DSP 等元件的器件延时及元件间的布线延时。

尽管在不同的 FPGA 器件上或使用不同的综合、布局布线属性时,估计公式的参数值是不同的,但是在特定 FPGA 器件上和综合、布局布线属性下,各个参数的值是可通过分析反馈真实信息精确获取,其中布线延时取反馈信息中布线延时的平均值。图 4.5 为提出的高层次硬件执行时间/面积估计框架。

C 语言描述的应用程序经过开源前端编译器 llvm-gcc 编译为 LLVM IR。IR 有多种粒度,细到指令、基本块和循环等,粗到函数、模块。本书主要估计细粒度基本块和循环的硬件执行时间/面积,其中循环外的基本块在硬件上主要以串行实现方式实现,而循环则有硬件多版本特征,比如串行实现、循环展开版本、流水版本、脉动阵列版本等,每一种硬件版本的硬件执行时间/面积是不同的。所以图 4.5 中的硬件多版本分析主要用来分析 IR 中的循环,以得到各种硬件版本的硬件执行时间/面积估计所需输入信息。

硬件多版本分析部分分析出的信息有两种:一是版本所需延时周期数 N_{clk},二是版本中各个模块所需指令集合。不同的硬件版本所需周期数 N_{clk} 是不同的,该值可通过多版本分析部分精确获取。估计算法依据多版本分析的输入来计算各个硬件版本的硬件执行时间/面积。除了这两个输入外,估计算法还有一个输入信息,即反馈信息。通过分析反馈信息,获取各个基本元器件的执行时间、输入个数、位宽及基本元件间的布线延迟等信息,修正推导的面向各个运算操作的估计公式,最后结合硬件多版本分析结果及修正后的估计公式,采用面向循环的硬件多版本特征的估计算法进行估计。

将估计得到的各种硬件版本的硬件执行时间/面积信息传给软硬件划分算法进行划分,并将划分结果在基于 FPGA 的可重构器件上运行。运行结束后,将真实的硬件执行时间/面积反馈给估计算法,从而使该估计值适用于目前的 FPGA 等硬件实现环境。

表 4.1 高级语言运算的硬件执行时间/面积估计公式

运算名称	硬件执行时间估计公式	硬件面积估计公式（LUT/DSP）
加法运算（add, sub）	$T_{\mathrm{add}} = nT_{\mathrm{MUXCYC}} + (T_{\mathrm{LUT}} - 2T_{\mathrm{MUXCY}} + T_{\mathrm{MUXCYS}} + T_{\mathrm{XOR}})$	$A_{\mathrm{LUT}} = n$
比较运算（>, <）	$T_{\mathrm{CMP}} = T_{\mathrm{LUT}} + T_{\mathrm{MUXCYS}} + \left\lfloor \dfrac{2n}{k-2} \right\rfloor T_{\mathrm{MUXCYC}}$	$A_{\mathrm{CMP}} = n$
比较运算（=, !, =）	$T_{\mathrm{EQ}} = T_{\mathrm{LUT}} + T_{\mathrm{MUXCYS}} + \left\lceil \dfrac{2n}{k} - 1 \right\rceil T_{\mathrm{MUXCYC}}$	$A_{\mathrm{CMP}} = \left\lceil \dfrac{2n}{k} \right\rceil$
逻辑运算（and, or, XOR）	$T_{\mathrm{logic}} = T_{\mathrm{LUT}}$	$A_{\mathrm{logic}} = n$
乘法（mul−lut）	$T_{\mathrm{mul-lut}} = T_{\mathrm{a}} + 2(n-1)T_{\mathrm{f}}$	$A_{\mathrm{mul-lut}} = \dfrac{n(n-1)}{2} + 1 + A_{\mathrm{a}}$
乘法（mul−dsp）	$T_{\mathrm{mul-dsp}} = T_{\mathrm{dsp}}\, n[8;15] + (2T_{\mathrm{dsp}} + T_{\mathrm{net}})\, n[16;25] + (3T_{\mathrm{dsp}} + 2T_{\mathrm{net}})\, n[26;32]$	$A_{\mathrm{mul-dsp}} = n[8;15] + 2n[16;25] + 3n[26;32]$

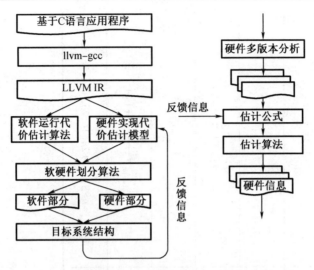

图 4.5 提出的高层次硬件执行时间/面积估计框架

4.3.2 估计算法描述

循环具有硬件多版本特征,不同版本的硬件执行时间/面积不同。为了获取多种不同版本的硬件执行时间/面积,本节设计了一个通用的估计算法,保证可以获取硬件多版本的硬件执行时间/面积。估计算法采用加权求和估计算法,针对不同的硬件版本,分析获取不同版本所含的运算个数,结合修正后的估计公式即权重,利用求和方法估计整个版本的硬件执行时间/面积。估计算法分为接口设计和算法描述两部分。

1.接口设计

目前常用的面向硬件的编译优化技术有循环流水、循环展开等,相应的称生成的硬件版本为流水版本、展开版本等,且展开次数不同,生成的硬件版本的硬件执行时间/面积也是不同的。另外,不同编译优化技术之间并不是互斥的,一个硬件版本可以使用多种编译优化技术。因此可能存在许多种不同的硬件版本。ASCRA 主要的硬件版本有串行版本、展开版本、流水展开版本和脉动阵列版本等,其中串行版本是没有使用任何优化技术生成的硬件版本。结合编译技术和目标体系结构,ASCRA 自动生成各个硬件版本的 RTL 级描述文件:主要由运算模块、存储模块、控制模块和地址生成模块四部分构成。估计算法通过分析硬件版本自动映射的过程,获取版本中各个模块含有的运算操作等信息。

不同版本或不同模块结构是不同的,为了使用统一估计算法估计所有版本的硬件执行时间/面积,本书以运算操作为单位,结合版本信息,设计了一个通用的算法接口,以二元组<Mtype, BIs>表示,其中 Mtype 表示版本类型(流水、展开、串行、脉动),BIs 是运算块集合,可表示为二元组<Insts, N_{clk}>,其中 N_{clk} 是该模板的周期数,每个运算块需要一个时钟周期完成运算,Insts 是每个指令块中的指令集合,每条指令 I 可表示为二元组<OPCode, BitW>,其中 OPCode、BitW 分别表示运算操作的运算类型和位宽。

2. 算法描述

硬件执行时间/面积的计算并不能通过简单求和方法求解,需要在满足特定规则的前提下进行"求和"。硬件执行时间/面积的求解都需要考虑的是,乘法运算使用两种方式进行构建:阵列乘法器和专用乘法器,即乘法运算占用 LUT 和 DSP 两种资源,且不同构建方式之间具有如下规则。

(1)在综合、布局布线等工具默认优先使用专用乘法器构建乘法运算,当专用乘法器消耗完时再使用阵列乘法器构建乘法运算,即当 DSP 资源使用完毕时,乘法运算才会消耗 LUT 资源。

(2)当存在多个位宽不同的乘法运算时,位宽较宽的运算优先使用 DSP 资源构建。

(3)通过大量的实验还发现,DSP 资源并不能全部被用来构建乘法运算,其中 DSP 资源总量的 1/4 被用来实现 DSP 之间的连线。

在上述规则的引导下,硬件面积的估计算法具体流程如下。

输入:运算集合 Vector <Mtype, BIs> VI,FPGA 器件中 DSP 的总数 M,LUT 的输入个数 k。

输出:硬件面积 LUT 个数 S_{LUT} 和 DSP 资源个数 S_{DSP}。

过程:

步骤 1:首先建立数据结构 VIN<OPCode, BitW, Num>,根据操作类型 OPCode 和位宽 BitW 对集合 VI 进行分类,并写入数据库 VIN 中,其中 Num 表示具有相同类型和位宽运算的个数。

步骤 2：由乘法运算的估计公式可知，当乘法运算使用 DSP 构建时，在 DSP 输入(18×18)bit 的 FPGA 器件中，位宽在区间[20,32]的乘法运算占用 3 个 DSP，而在 DSP 输入(18×25)bit 的 FPGA 器件中，位宽在区间[27,32]的乘法运算占用 3 个 DSP，遍历 VIN，计算一个运算消耗 3 个 DSP 的乘法运算的个数 n_{3mul}。

步骤 3：根据规则(3)，使用式 $M-\min(n_{3mul},0.25M)$ 计算乘法运算能够消耗到的 DSP 资源的最大值 m，其中 M 表示 FPGA 器件中具有的 DSP 资源的总量。

步骤 4：根据规则(2)，对 VIN 中的运算根据位宽 BitW 由大到小进行排序。

步骤 5：结合反馈修正后的估计公式，计算整个应用程序消耗的 LUT 个数 S_{LUT} 和 DSP 资源个数 S_{DSP}。遍历 VIN 中的运算，根据运算类型选择估计公式，代入位宽计算各个运算的面积，并累加到 S_{LUT} 中。而对于乘法运算，首先使用 DSP 资源实现，根据 DSP 的估计公式，累加计算 S_{DSP}，同时判断 DSP 资源是否消耗完，当消耗完时，则根据 LUT 的估计公式，累加计算 S_{LUT}。

硬件执行时间由时钟周期及周期数两部分决定，计算公式如下：

$$T_{all} = N_{clk} T_{clk} \tag{4.19}$$

式中　T_{all}——设计的硬件执行时间；

　　　T_{clk}——时钟周期；

　　　N_{clk}——周期数。

时钟周期数 N_{clk} 可从硬件版本分析中精确获取，本书主要估计时钟周期 T_{clk} 的数值大小。时钟周期是指硬件电路中寄存器之间关键路径的硬件延时，因此估计算法需要首先为每个运算块集合 BIs 构建 DFG，然后遍历 DFG 中的所有路径，并计算每个路径的硬件执行时间，最后根据硬件执行时间大小对路径进行排序，其中最长的执行路径为时钟周期，算法伪代码如图 4.6 所示。

```
Input:Implement<MType,BIs> , N_clk,
Output:T_all
Initialization:t_old=0,t_max=0


Begin DelayEstimationFunction


foreach type in MType
  foreach Insts in BIs
    D=create DFGs(Insts);
      foreach d in D
        t_max = critical_path_cycle(d);
        t_old = t_max > t_old ? t_max: t_old
      end for
    end for
end for
T_clk =t_old
T_all =N_clk * T_clk


End DelayEstimationFunction
```

图 4.6　硬件执行时间估计算法的伪代码

下面对硬件执行时间的整个过程进行描述。

（1）为每一个运算块集合建立 DFG

DFG 体现运算操作间的数据依赖关系，是描绘信息流和数据从输入移动到输出时进行的计算，可视为不包含时序信息的硬件电路提取图，是包含顶点和边的有向无环图。在本节中，节点为运算和低级控制（即支持条件计算的操作符）；边为数据路径，表现了数据流的流向。DFG 具体构建包括两个步骤：首先需要对运算块集合 BIs 中每个 Insts 进行遍历，查找出所有的输入数据；其次将输入数据放在 DFG 同一层，之后对 Insts 中的运算再进行遍历，根据数据流向，建立指令间的数据路径。循环例子如图 4.7 所示，其 DFG 如图 4.8 所示。

```
for(into i=0;i<N_i;i++)
{
Y[i+1]=Y[i]+A[i]+B[i]+C[i]+D[i]+E[i]+F[i]+G[i];

Y[i+4]=Y[i+1]*A[i];
}
```

图4.7　一个循环例子

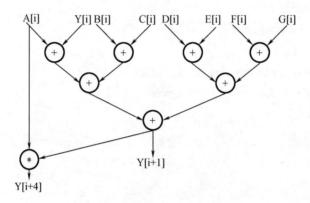

图4.8　图4.7中循环的DFG

(2)DFG中每条路径的硬件执行时间的计算

DFG中存在多条从输入数据到输出数据的路径,每条路径上包括多个运算操作,运算操作的硬件执行时间可从其估计公式中计算得到。运算与运算之间还存在连线延时,本书假定不同运算之间的连线延时是相同的,且可从反馈值中分析获取。另外时序路径不仅包括运算的延时及运算间的布线延时,还包括寄存器的延时,因此路径的硬件执行时间 T_{path} 计算公式如下所示:

$$T_{path}=T_{ff}+T_{net}+T_{op1}+\cdots+T_{opn}+(n-1)T_{net} \qquad (4.20)$$

式中　n——路径上运算操作的个数;

　　　T_{ff}——寄存器的延时;

　　　T_{opi}——第 i 个操作的延迟($1\leqslant i\leqslant n$);

　　　T_{neti}——寄存器和运算操作之间,或者运算操作与运算操作之间的布线延时。

另外,乘法运算存在两种构建方式:阵列乘法器和专用乘法器。不同构建方式的硬件延时不同,在计算乘法运算时,要参考面积估计算法中关于使用DSP 资源实现的乘法运算集合。

(3)对路径的执行时间进行排序,求解时钟周期及硬件执行时间

计算运算块集合 BIs 中的所有路径,并对路径根据路径延时进行从大到小排序,其中最大值为时钟周期 T_{clk},最后使用式(4.19)计算硬件执行时间。

4.4　实验结果与分析

由于硬件执行时间/面积的大小与 FPGA、综合、布局布线工具的属性等多种因素相关,目前还没有一个统一的数据集和验证环境。现有算法一般都与综合工具的综合结果进行比较。本书采用的综合软件为 Xilinx ISE 工具,输入语言是 C 语言,首先使用本项目组 C-2-VHDL 编译器 ASCRA 将基于 C 语言的测试用例转换为 VHDL 代码,使用 ISE 综合 VHDL 代码得到该测试用例的真实硬件执行时间和硬件资源数,所有的综合属性采用默认值,然后与本书算法的估计值进行比较,最后计算估计值与真实值的误差。

本章采用两组测试用例来验证所提硬件执行代价估计算法的正确性与精确度,一组数据为基于 C 语言的算术运算、比较运算和逻辑运算;另一组是基准测试用例 MediaBench 中的 mpeg 应用程序,对其中循环结构的多种硬件版本进行估计。

4.4.1　估计公式的验证

为了验证本章推导的估计公式的通用性和精确性,测试了基于 C 语言的算术运算、比较运算和逻辑运算在硬件实现环境上的硬件执行时间/面积:综合工具是 Xilinx 10.1 版本,FPGA 芯片为 Virtex 5 110T(XC5VLX110TFF1136-3);ISE 的属性设置为默认状态,通过反馈估计框架获取反馈信息:LUT、MUXCY、XORCY 等基本元件的执行时间,元件间的平均布线延时,LUT 的输入个数及专用乘法器 DSP 块的输入位宽等,然后使用反馈信息修正适用于两个 FPGA 芯片的估计公式,进而使用估计公式计算各个运算操作在位宽为 8、16、32 时的硬件

执行时间/面积,最后比较估计值与真实综合值的误差。

各个基本运算在 Virtex 5 110T 芯片上的硬件执行时间/面积的比较结果见表 4.2。从表中数据可以看出,硬件执行时间估计误差为 1.20%~9.19%,平均误差为 1.60%,而硬件面积即 LUT 个数的估计误差为 0~3.22%,平均误差为 4.09%。

表 4.2　各个基本运算在 Virtex 5 110T 上的硬件执行时间/面积的比较结果

运算操作	位宽	真实 T/ns	估计 T/ns	误差/%	真实面积	估计面积	误差/%
ADD /SUB	8	0.828	0.829	0.12	8	8	0
	16	1.010	1.013	0.30	16	16	0
	32	1.374	1.381	0.51	32	32	0
MUL(LUT)	8	3.059	2.970	2.90	46	45	2.17
	16	4.423	4.264	3.60	186	180	3.22
	32	6.668	6.548	1.80	737	720	2.30
GT(>)	8	1.914	1.738	9.19	8	8	0
	16	1.254	1.250	0.32	16	16	0
	32	1.467	1.474	0.48	32	32	0

4.4.2　估计算法的验证

为了验证本章估计算法的准确性,该部分使用标准测试用例 Mediabench 应用程序 mpeg 中部分循环程序结构进行验证。循环结构在 FPGA 上有不同的实现方式,本书估计和验证了循环流水与循环展开优化技术生成的流水版本、循环展开版本与流水展开版本等多个硬件版本的硬件执行时间/面积,其中展开次数设定为 0,2,4,6,8,16 次。

各个循环的流水版本和串行版本在 Virtex 5 110T 芯片上的硬件执行时间比较结果见表 4.3。从表中数据可以看出,硬件执行时间估计误差为 0.63%~3.93%,平均误差为 2.28%。

表 4.3　各个循环的流水版本和串行版本在 Virtex5 110T 芯片上的
硬件执行时间比较结果

循环名称	硬件版本	真实 T/ns	估计 T/ns	误差/%
Saturate-bb5	串行	17.052	17.160	0.63
	流水	4.050	4.080	0.74
dct_type_estimation-bb12	串行	17.412	17.256	0.89
	流水	6.710	6.548	2.41
iquant1_intra-bb8	串行	7.617	7.906	3.66
	流水	6.668	6.548	1.79
Sub_pred-bb4	串行	6.668	6.548	3.93
	流水	6.374	6.548	2.72

　　各个循环的流水展开版本在 Virtex 5 110T 芯片上的硬件面积比较结果见表 4.4。对于每个硬件版本占用的 LUT 个数及 DSP48E 个数,从表中数据可以看出,LUT 估计误差为 0.27%～11.08%,平均误差为 5.8%,而 DSP48E 的估计误差为 0～25%,平均误差为 4.7%。尽管 DSP48E 的最大估计误差值为 25%,但实际上,只是少估计 2 个 DSP48E,在可接受的范围内。

表 4.4 各个循环的流水展开版本在 Virtex 5 110T 芯片上的硬件面积比较结果

循环名称	展开因子	真实 T/ns		估计 T/ns		误差/%	
		LUT	DSP48E	LUT	DSP48E	LUT	DSP48E
Saturate-bb5	0	505	8	512	7	1.39	25.00
	2	651	14	672	13	3.23	14.29
	4	969	26	1 024	25	5.68	7.69
	8	1 600	48	1 728	48	8.00	0
	16	13 684	48	14 453	48	5.62	0
Sub_pred-bb4	0	297	3	279	3	5.39	0
	2	312	6	279	6	9.93	0
	4	352	12	311	12	11.08	0
	8	398	24	375	24	5.26	0
	16	617	48	534	48	2.59	0
iquant1_intra-bb8	0	725	21	691	21	9.38	0
	2	917	42	961	42	3.93	0
	4	10 304	48	10 281	48	1.27	0
	8	32 034	48	31 705	48	1.03	0
	16	75 474	48	74 768	48	0.93	0

表 4.4（续）

循环名称	展开因子	真实 T/ns		估计 T/ns		误差/%	
		LUT	DSP48E	LUT	DSP48E	LUT	DSP48E
dct_type_ estimation~ bb12	0	437	15	413	15	5.49	0
	2	569	30	541	30	4.92	0
	4	3 800	48	3 745	48	1.45	0
	8	19 059	48	19 007	48	0.27	0
	16	49 728	48	49 511	48	0.44	0
form_component_ prediction~bb3	0	366	0	384	0	4.92	0
	2	408	0	416	0	1.97	0
	4	516	0	512	0	0.78	0
	8	698	0	704	0	0.86	0
	16	1 189	0	1 152	0	3.11	0

4.5　本章小结

　　硬件实现代价的估计是软硬件划分研究的关键问题之一,是进行软硬件划分的重要依据。针对现有估计算法存在通用性差及对循环实现时可能多个版本的硬件实现代价的估计也支持不足的问题,本章提出了一种高层次硬件执行时间/面积估计算法,推导了一种基于真实反馈值修正的硬件实现环境无关的硬件执行时间/面积估计公式。同时,结合修正后的估计公式,设计了一种面向循环在 FPGA 上实现时多版本特征的估计算法。该算法能够快速、精确估计出不同程序片段在 FPGA 上实现时的硬件执行时间/面积,尤其能够对循环实现时各个不同硬件版本的执行时间/面积进行估计,为硬件多版本设计空间探索和软硬件划分提供了精确的信息支持。

第5章 带有硬件多版本探索和划分粒度优化再选择的软硬件划分算法

5.1 引　　言

前几章分别对软硬件运行或实现代价的估计技术进行了研究,接下来依据软硬件运行代价对软硬件划分问题进行求解。自从20世纪90年代初CODES研讨会针对软硬件划分问题,首次提出"构建计算模型+算法"的解决方案后,涌现出大量各具特色的计算模型和划分算法,例如,基于任务图计算模型的遗传算法、模拟退火算法、禁忌搜索算法等。但是已有划分算法通常默认应用程序在硬件处理器上只有一种实现方式,忽略了一个很重要的特征,即一段应用程序可能存在硬件多版本特征,这种多样性主要来源于循环。循环是应用程序中耗时较长的代码,将其展开放在硬件上执行可以增加其并行性,提高性能,但同时循环展开也消耗了更多的硬件面积。结合循环展开、循环流水等面向硬件的并行优化技术,一段应用程序可能会有上百种不同的硬件版本。另外,在基于CPU/FPGA的可重构加速系统中,通信开销往往是系统整体性能的瓶颈。针对以上两种情况,本章提出了一种带有硬件多版本探索和划分粒度优化再选择的软硬件划分,首先构建了一个带有硬件多版本特征的软硬件划分模型,然后面向软硬件间通信开销最优对循环进行分簇研究,并依据分簇结果对划分模型中的优化目标函数进行更新,最后从全局优化的角度,采用以浮点数编码的遗传算法来进行求解,从而形成了本书设计的一种基于硬件多版本探索和划分粒度优化再选择的软硬件划分算法。通过该算法,不仅可以确定程序中某循环片段应该放在CPU或在FPGA上实现,而且还可以确定循环在FPGA上实现的较佳硬件版本形式,从全局性能最优的角度提高了软硬件划分解的质量。

本章组织结构如下:首先,对生成硬件多版本的面向硬件的编译优化技术进行了分析,并对现有硬件多版本探索方法进行了分析和总结,在此基础上,描述了带有硬件多版本特征的软硬件划分模型;其次,提出了面向通信开销最优的循环分簇算法,从而进行划分粒度的优化,同时对划分模型进行更新,然后采用遗传算法求解划分问题的实现;最后,在实验部分,验证了不同规模的测试用例的划分结果,并与其他考虑到多版本探索的 BUB 算法结果进行了比较。

5.2　硬件多版本探索

5.2.1　硬件多版本

硬件多版本现象在硬件设计中,尤其是 HLS 设计中经常出现。HLS 是将规范的算法级或行为级描述在一定的约束条件下转化为电路结构描述的方法和过程。在 HLS 过程的不同层次,采用不同的设计方案,同一段高级语言程序能够生成多种硬件版本,且不同版本具有不同的硬件执行时间/面积。

在 HLS 的算法层,硬件版本的多样性来自不同编译优化技术的存在,优化对象主要是循环等高级语言程序结构,比如面向硬件的循环展开,展开次数不同,就有不同的硬件版本,再结合循环流水、脉动结构等优化技术,同一个循环具有成百上千个不同硬件版本。

1. 循环展开技术

循环展开技术是一种常见的循环转换优化技术,其将循环体中的内容指令复制多份,增加循环体的代码量,减少了循环的重复次数。每个循环都可以使用循环展开技术提高并行性,并行的程度取决于循环迭代间依赖的程度,当循环体没有循环携带依赖,那么该循环能够转换成循环迭代间完全并行的循环硬件结构。循环展开次数不同时,该循环硬件结构的耗时和所占用的硬件资源是不同的。以图 5.1 中的循环为例,说明循环展开对性能及硬件资源的影响。

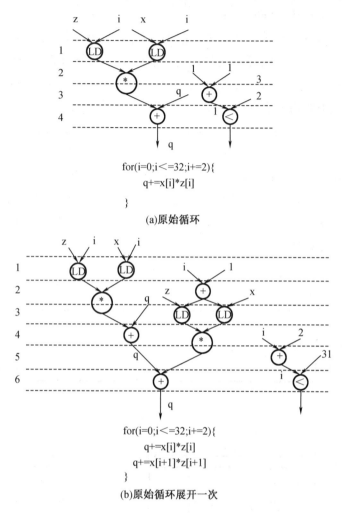

for(i=0;i≤32;i+=2){
　q+=x[i]*z[i]
}

(a)原始循环

for(i=0;i≤32;i+=2){
　q+=x[i]*z[i]
　q+=x[i+1]*z[i+1]
}

(b)原始循环展开一次

图 5.1　循环展开例子

图 5.1(a)是原始循环的资源约束,包括 1 个加法器、1 个乘法器、1 个比较器、2 个 load 单元。每个乘法器消耗 2 个时钟周期,其他器件消耗 1 个时钟周期。当同步存储访问可行时,load 操作可以同时执行存储地址计算和存储读操作。忽略初始化部分,该循环大约需要 32×4=128 个时钟周期。当循环被展开 1 次时(循环展开因子等于 2),转换后的循环如图 5.1(b)所示,新的循环大致需要 16×6=96 个时钟周期。展开一次大约改善了 25%的性能,但同时所消耗的硬件资源也增加了一倍。

2. 循环流水技术(pipelining)

循环流水技术同循环展开技术是同一级别的循环变换优化技术,是一种重组循环体的技术。从循环不同的迭代中抽取出一部分运算(循环控制运算除外)拼成一个新的循环迭代,将同一迭代中的相关运算分布到不同的迭代中,或将不同迭代中的相关运算封装到同一迭代中。该技术构造了一条虚拟的"流水线",以流水的方式同时执行循环中的多个不同迭代。循环流水通过并行执行来自不同循环迭代的运算来加快循环程序的执行速度,在前一个循环迭代没有结束前启动下一个新的循环迭代,并行执行连续的多个迭代。如图 5.2 所示,流水线中将一个耗时 τ s 的循环迭代电路,分解为 N 段更小的等效指令电路,使得锁存一个新的输入数据后,每 $\zeta = \tau/N$ s 计算出一个输出数据,有效地提高了循环程序指令级的并行性。

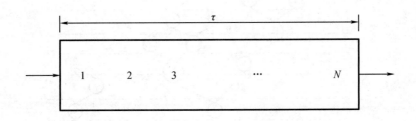

(a)延时为 τ s 单模块电路

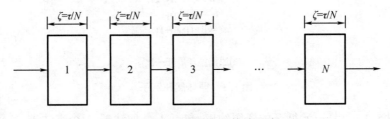

(b)划分为 N 段流水的等效电路

图 5.2 循环流水例子

3. 脉动阵列结构

脉动阵列结构由 H. T. Kung 和 C. E. Leiserson 于 1980 年提出。它是并行计算中常用的一种体系结构,有较高的流水性和并行性。脉动阵列的高并行性和高流水性决定了脉动阵列的高吞吐率。脉动阵列很适合对矩阵乘法运算数据进行加速。

在 HLS 的转换层,一段高级语言程序,采用同一个算法但采用不同的器件实现时,同样会产生多种硬件版本,如乘法操作,在硬件 FPGA 上可以有多种实现器件,可以使用最基本可编程单元 LUT 和 MUXCY 实现,也可以使用专用乘法器件 DSP slices 实现,或者使用移位器和加法器实现。不同的实现方式,硬件执行时间/面积开销是不同的。这部分已在第 3 章中进行了详细介绍。

综上所述,同样的一段程序存在多种硬件版本,各个版本所需的硬件执行时间/面积都不相同,尤其在算法层次和资源调度层次,很难找到使面积和时间两全其美的版本。在多数情况下,对同一个任务节点进行硬件加速,更好的加速效果意味着消耗更多的硬件面积。因此如何使各个任务选择更合适的硬件加速方式,使整个系统性能达到最优,也是软硬件划分中的重要问题。

5.2.2　已有硬件多版本探索方法

针对硬件多版本问题,研究人员提出了多种探索方法。根据多版本探索与软硬件划分的结合情况,可将现有方法分为两类,一类是在软硬件划分之前,完成硬件多版本的探索;另一类是在软硬件划分的同时进行硬件多版本探索。

L. Yanbing 等所述的 Nimble 可重构编译器自动将 C 代码映射到一个 CPU/FPGA 动态可重构平台上。其划分对象是循环,算法层编译优化技术使循环具有多个硬件版本,其在软硬件划分之前进行了多版本选择。针对一个循环的多个硬件版本,首先评估各个版本的硬件执行时间/面积,设定一个 FPGA 面积约束值,对于面积消耗超过约束值的版本进行修剪或者抛弃,然后对剩余版本按照执行时间大小排序,执行时间最小的版本被选择作为硬件版本,同时保留该循环的软件版本,最后使用启发式软硬件划分算法选择该循环是在软件还是在硬件上执行。

M. B. Abdelhalim 提出了一种集成的软硬件划分算法,其硬件多版本主要由不同指令级调度方法引起的。该研究人员将多版本探索分成两部分:一部分在软硬件划分之前完成,根据硬件执行时间,从众多版本中选择出两个极端版本,即执行时间最大版本 HW_1 和执行时间最小版本 HW_2。将两个硬件版本和软件实现 SW 都交给划分算法,由划分算法确定该节点的最终实现方式是 HW_1、HW_2 或者 SW。

上述研究是多版本探索/软硬件划分算法分别求解的典型代表,该类方法能够快速完成多版本探索,时间复杂度低。然而多版本探索空间局限在一个程序片段的多版本空间,在选择时,并没有考虑到对全局性能的影响,是局部最优的。另外,首先被求解多版本问题的程序要占用较多的面积,而后被求解的则占用较少的面积。将局部最优的硬件版本传输给软硬件划分算法,同样使划分算法也陷入局部最优。因此研究者还提出一种扩展软硬件划分算法,在解决软硬件划分问题的同时,对硬件多版本探索进行求解。

R. Ernst 等讨论的是资源层调度方法引起的多版本空间。其是第一个提出将软硬件划分算法和硬件多版本探索整合求解的方法。V. Frank 提出了一种迭代执行任务/循环的软硬件划分算法、设计空间探索和调度的方法,然而其中的设计空间探索方法被限制在考虑 CFG/DFG 的不同资源分配问题上,忽略了循环展开等系统层硬件编译优化转换技术对 CFG/DFG 的改变。

Greg Stitt 提出的软硬件划分中,划分对象是循环结构,针对算法层编译优化技术引起的多版本探索,提出划分/多版本实现探索(partitioning w/ multi-version implementation exploration,PIE)问题。Greg Stitt 是第一个提出将循环优化技术引起的多版本探索和软硬件划分集成在一起的方法的人。该方法首先将 PIE 问题映射为 DCKP 问题,证明该问题和软硬件划分算法一样,都是 NP 问题。DCKP 问题类似于 0~1 背包问题,不同点是在背包问题的基础上增加了一个约束条件:某些物品是矛盾的,不能存在一个背包内。其中代码段的每一种硬件实现映射为将放在背包中的物品,硬件版本的面积映射为相应物品的质量,加速比映射为物品的价值,其中加速比涉及到软件执行时间、硬件执行时间和通信时间。Greg Stitt 为同一段代码的不同硬件实现创建了不兼容集合,确保一段代码只选择一种硬件实现。面积约束映射为背包的容量。

在分析大量的嵌入式应用后,Greg Stitt 给出了嵌入式应用的一种非正式分类:一类是不平衡应用,这些应用符合 90/10 规则,大多执行时间花费在较少的代码上,而不是被平衡分配在许多代码上。如 MediaBench 中 mpeg2 decoder 有两个循环,每一个都占用总时间的 40%,而第三个执行最频繁的循环仅占用 2% 的时间。第二类是平衡应用,这些应用的执行时间平均消耗在多数代码上。如商业 h. 264 decoder,其中没有循环的执行时间大于总时间的 5%。注意到这两大类应用的存在,Greg Stitt 开发了一种启发式算法,包含两个子启发式,一个子启发式用于一个类别,并将这种启发式算法称为 BUB(balanced/unbalanced)。使用两种子启发式分别求解问题,然后选择两个中结果好的一个。

两类启发式都使用标准的贪婪 0~1 背包启发式算法进行选择。这种贪婪启发式根据目前版本的加速比/面积优先权,对应用所有程序进行排序,然后以优先级递减的顺序选择代码,直到硬件面积消耗完。然而贪婪算法的缺点和软硬件划分/硬件多版本探索分开求解方法存在相同的问题,都容易陷入局部最优。

5.3　基于硬件多版本探索和划分粒度优化再选择的软硬件划分算法

针对现有软硬件划分和硬件多版本探索容易陷入局部最优的缺点,本节提出一种基于硬件多版本探索和分簇算法的软硬件划分算法,从全局优化的角度,采用遗传算法求解软硬件划分问题,以性能为目标完成循环在 FPGA 上实现时多版本设计空间探索,对面向通信开销最优的循环分簇进行划分粒度再选择。

5.3.1　软硬件划分模型

本章算法面向的目标系统结构是基于 CPU/FPGA 的可重构加速系统,系统具体描述见 2.3.1 节。划分目标是在满足 FPGA 面积的约束下,将在 CPU 上运行的高级语言应用程序中的部分代码划分到 FPGA 上,加速应用程序的执行速度,充分发挥可重构系统的性能。在 CPU 上运行的高级语言应用程序具有多种粒度,如函数、循环、基本块等。本章选定循环和基本块作为划分粒度,以循环和基本块为节点构成的 HCDFG 作为本章划分算法的输入,其中每个节点都具有软件执行时间、硬件执行时间、软硬件间的通信时间和硬件面积几个性能。

划分模型的形式化描述如下:划分算法的输入用三元组 $<R, a_{constraint}, t_{total}>$ 表示。其中, $a_{constraint}$ 是 FPGA 的硬件面积约束; t_{total} 是当整个应用程序都在软件上运行时的总运行时间; R 是节点集合,可表示为二元组 $<t_{SW}$,其中, $I>$, t_{SW} 是一个节点在软件上的运行时间, I 是硬件设计空间探索中一个节点的所有硬件多版本的集合,可用三元组 $<a, t_{HW}, t_{comm}>$ 表示,其中 a 、 t_{HW} 、 t_{comm} 分别是一个版本所需的硬件面积、硬件运行时间及软硬件间通信时间。问题定义为:为 R 中的每一个节点选择软件或硬件版本,创建一个解集合 S ,使划分目标最小,划分目标即系统整体性能 t_{sys} 计算公式如下:

$$t_{sys} = t_{total} - \sum_S (t_{SW,R} - t_{HW,I}) + \sum_S t_{comm,I} \tag{5.1}$$

式中　$t_{SW,R}$——集合 R 中节点的软件运行时间；

　　　$t_{HW,I}$——该节点的一个硬件版本的运行时间；

　　　$t_{comm,I}$——硬件版本的软硬件间通信时间。

除了减少性能外，每一个划分解集合 S 还必须满足硬件面积的约束条件，如下所示：

$$\sum_S a_I < a_{constraint} \tag{5.2}$$

式中　a_I——集合 S 中每一个节点的硬件版本的面积。

5.3.2　划分粒度优化再选择

在软硬件划分中，划分粒度是划分对象不可再分的最小单位。除了选择基本划分粒度后，研究者提出了对划分粒度再优化的方法。例如，Jorg Henkel 等提出了动态粒度选择的思想，首先将系统图中的每个节点做为一个基本粒度的划分对象，然后再根据程序的控制结构(循环、分支等)迭代地组合划分对象以产生新的粗粒度划分对象。例如，一个循环结构所包含的划分对象组合成一个新的划分对象，直到最终产生一个最大的划分对象，甚至包含整个系统。吴强等则在这种思想基础上提出了一种新的基于 HCDFG 的粒度变换方法，定义了包含基本节点和层次节点的 HCDFG，然后通过合并和展开层次化节点来实现粒度变换，同时在这个过程中满足一定的约束要求以保证变换前后的系统在形式和功能上保持一致。

在基于 CPU/FPGA 可重构加速系统的软硬件划分中，以整个系统性能最优作为划分目标，即软件和硬件之间的通信时间及硬件执行时间最小。第 4 章对面向硬件执行时间的优化方法进行了讨论，本节面向基于 CPU/FPGA 可重构加速系统软硬件间通信开销最优的分簇算法，根据循环间的数据依赖关系对循环进行分簇，对划分粒度进行优化。

根据调度顺序，循环间的关系可分为相邻循环和不相邻执行循环，相应地，簇也有两种，一种是相邻循环构成的簇，另外一种是非相邻循环构成的簇。

具有数据依赖的相邻循环的簇结构如图 5.3 所示。bb_1、L_2、bb_3、L_4、bb_5 在软件上顺序执行，其中圆形表示循环，方形表示基本块，边表示调用关系。如图 5.3(a)所示，当 L_2 和 L_4 存在数据依赖，且都需放在硬件上执行时，存在 $bb_1 \rightarrow$

L_2、$L_2 \rightarrow bb_3$、$bb_3 \rightarrow L_4$、$L_4 \rightarrow bb_5$ 四次通信开销,在这种情况下,可采取的分簇方法是如图 5.3(b)所示的,在满足面积约束的条件下,将 bb_3 和 L_2、L_4 一起放在硬件上,L_2、L_4 需要的数据可通过 $bb_1 \rightarrow L_2$ 和 $L_4 \rightarrow bb_5$ 两次通信进行传输,$L_2 \rightarrow bb_3$、$bb_3 \rightarrow L_4$ 的通信开销则可以节省。

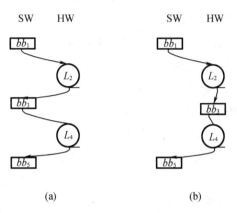

图 5.3　具有数据依赖的相邻循环的簇结构

数据依赖不仅存在相邻循环间,而且存在于不相邻循环间。如图 5.4 所示,循环 L_2、L_4、L_5 在硬件上执行,L_2 的数据并没有被相邻的 L_3、L_4 用到,而是被 L_5 用到。在这种情况下,可采用的分簇方法是在硬件上为 L_2 和 L_5 共同操作的数据建立一个 RAM,这样就可以减少两次通信开销。

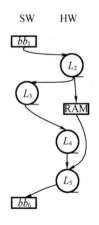

图 5.4　具有数据依赖的不相邻循环的簇结构

基于通信开销的分簇算法基本思路如下。

(1)选取循环和基本块为节点的 HCDFG 作为输入,首先遍历 HCDFG,获取节点的执行调度顺序,并创建数据结构 Sequence_Nodes 存放节点的执行顺序。

(2)分析每一个循环在硬件上时需要传送的数据,然后为每一个被用到的数组建立一个数据依赖图。将操作该数组的循环按照执行先后顺序加入到该数据依赖图中。操作多个数组的循环,则加入到多个数据依赖图中。

(3)遍历每一个数据依赖图,查找相邻循环在执行时是否有其他循环。如果没有循环,则将该两个循环合并为一个簇,然后查找该簇和随后相邻循环之间是否含有其他循环,如果有则分簇。

(4)对于操作多个数组的循环,查找其是否属于多个簇,如果是,则将多个簇合并。

(5)经过(3)(4)分簇完成之后,在 IR 中查找簇与簇之间是否含有该数组的操作。如果没有则将生成一个标记信号。在存储结构中保留该数组,当第一个簇执行完后,不传出数组,当该容器中的循环执行完后传出数组。

经过上述分簇方法后,可获得 HCDFG 中各个节点的簇结构。但是难点在于分簇算法在划分之前执行还是划分之后执行。如果在划分之前完成分簇,划分到一个簇中的程序结构并不一定全部适合放在硬件上,可能导致分好的簇失效;而在划分之后实现分簇,缺陷是划分时无法考虑到分簇算法带来的通信开销减少,得到的解不是全局最优解。

因此本书提出由软硬件划分算法决定节点是否以分簇的方式在硬件上实现:分簇算法在软硬件划分算法之前完成,将分簇结果写入集合 C 中,其中未分簇的 HCDFG 和 C 同时作为输入传输给软硬件划分算法,划分算法对 HCDFG 进行划分,在划分过程中生成中间解。计算优化目标和约束条件时,遍历集合 C,如果该解中的节点能够分簇,则该节点的硬件版本执行时间修改为其相应簇的执行时间,并减去分簇节省的通信开销。优化目标函数修正如下:

$$t_{sys} = t_{total} - \sum_S (t_{SW,R} - t_{HW,I}) + \sum_S t_{comm,I} - \sum_S (t_{comm,I} - t_{comm,C})$$

(5.3)

式中 $t_{comm,C}$——分簇后所需的通信开销。

5.3.3 算法描述

遗传算法由美国的 Holland 教授于 1975 年首次提出,是一种全局优化方法,它借用了生物遗传学的观点,通过自然选择、遗传、变异等作用机制,实现种群中个体适应性的提高,这一点体现了自然界中"物竞天择、适者生存"的进化过程。

遗传算法主要包括以下几个步骤。

(1)初始化:生成问题的初始解。

(2)编码成染色体,形成初始种群 $P(0)$。

(3)对种群中父代个体进行选择、交叉操作,产生子代个体。

(4)利用适应度函数染色体存优去劣,获得种群 $P(t+1)$。

(5)重复步骤(3)和(4),直到满足某种收敛指标为止,选择出最优解。

遗传算法流程如图 5.5 所示。

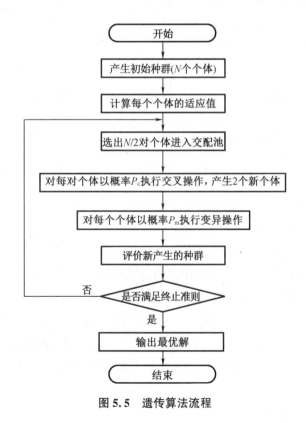

图 5.5　遗传算法流程

目前存在大量的改进遗传算法的方法,各个改进方法都基于基本遗传算法(simple genetic algorithms,SGA),又称简单遗传算法或标准遗传算法。SGA 是由 Goldberg 总结出的一种最基本的遗传算法,其遗传进化操作过程简单,容易理解,是其他一些遗传算法的雏形和基础。本书应用 SGA 来求解带有硬件多版本探索和划分粒度优化再选择的软硬件划分问题。SGA 由编码(产生初始种群)、适应度函数、遗传算子(选择、交叉、变异)和终止准则组成。下面是应用 SGA 求解本书问题的算法描述。

1. 编码

编码是由待求解问题空间向遗传算法空间的映射,通过某种编码机制把对象抽象为由特定符号按一定顺序排成的串。在遗传算法中,二进制编码是最早也是最常用的编码方案,将集合 R 中的节点映射到位串空间的 0 和 1,然后在位串空间进行遗传操作。将二进制编码应用到软硬件划分问题中时,一般用 0 表示节点由软件实现,用 1 表示节点由硬件实现。然而,在 PIE 问题中,每个划分对象有多种硬件实现方式,简单的 0,1 编码已无法满足设计需求,因此本书采用浮点数编码方案,记浮点数向量:

$$\boldsymbol{K} = (k_1, k_2, \cdots, k_n)$$

表示遗传操作的染色体,其中 n 是节点个数,个体 k_i 的取值如下:

$$k_i = \begin{cases} \left[0, \dfrac{1}{m+1}\right) & \text{节点 } i \text{ 用软件实现方式实现} \\[2mm] \left[\dfrac{j}{m+1}, \dfrac{j+1}{m+1}\right) & \text{节点 } i \text{ 用 } j \text{ 种硬件实现方式实现} \end{cases} \quad (5.4)$$

式中　m——一个节点的硬件实现方式个数;

　　　j——区间 $(0, m]$ 中的正整数。

例如,对于一个含有 8 个节点的应用,每个节点都有 4 种硬件实现方式,若编码向量为 $(0.1, 0.3, 0.1, 0.4, 0, 0.7, 0.8)$,则表示节点 1,3,5 用软件实现,节点 2,4,6,7 分别使用各自的第 1,2,3,4 种硬件实现方式实现。

在初始化时,本章选定种群中所有染色体以软件实现初始种群,原因是软件实现时不占用硬件面积,在任何硬件面积约束情况下,这种实现方式都能够作为一个有效解,尽管该解是所有有效解中最差的,但能够保证算法运行结束后得到的所有解都是有效的。

2. 适应度函数的选取

在遗传算法中,适应度函数是种群中染色体质量好坏的评价标准,适应度函数越大,个体的质量也就越好。适应度函数是遗传算法中进行自然选择的唯一标准,它的设计直接影响遗传算法的性能。设计适应度函数的总体原则应使解的优劣性与适应度之间具有严格单调升的函数关系。

适应度函数的设计应结合求解问题的要求而定。本书的 PIE 问题是在满足约束条件下求解最优解,因此本书采用惩罚函数法(penalty operations),其基本实现是设计个体违背约束条件的情况给予惩罚,并将此惩罚体现在适应度函数的设计中,即把约束问题转化为一个附带考虑代价(cost)或惩罚的非约束优化问题。具体方法是在目标函数上增加一个与面积约束有关的惩罚项,对超出硬件面积的部分加以限制,如下所示:

$$
\begin{cases}
f(x) = t_{\text{sys}} + p t_{\text{sys}} \left(\dfrac{a_{\text{cost}} - a_{\text{constraint}}}{a_{\text{constraint}}} \right) & a_{\text{cost}} > a_{\text{constraint}} \\
f(x) = t_{\text{sys}} & a_{\text{cost}} \leqslant a_{\text{constraint}}
\end{cases}
\tag{5.5}
$$

式中　$f(x)$——带有惩罚的整体执行代价;

　　　p——体现惩罚力度的常数,本书设定为 30。

在遗传算法中染色体适应度函数值越高表示个体越优秀,而本书的划分目标是求解目标函数的最小值,因此适应度值函数 $Fit[f(x)]$ 以下式定义:

$$
Fit[f(x)] =
\begin{cases}
c_{\max} - f(x) & f(x) < c_{\max} \\
0 & \text{其他}
\end{cases}
\tag{5.6}
$$

式中　$c_{\max}$——当前种群中最优个体与最差个体的执行代价之和。

3. 选择算子

遗传算法使用选择算子来实现对群体中的个体进行优胜劣汰操作,目的是从当前种群中挑选较好的个体并阻止较差的个体进入下一代,使优良的基因能够传递。通常,选择方法是从种群中按某一种概率选择个体,某个体 i 被选择的概率 P_i 与其适应值成正比。适应度越高则被选择遗传到下一代群体中的概率越大。目前有多种选择方法:排序选择策略、轮盘赌选择方法等。

轮盘赌选择方法是最为常用的选择算子,其基本思想是:每个个体被选择的概率与其适应度函数值大小成正比。设群体大小为 n,个体 i 的适应度为 Fit_i,则个体 i 被选中遗传到下一代群体的概率 P_i 为

$$
P_i = \frac{Fit_i}{\displaystyle\sum_{i=1}^{n} Fit_i}
$$

本书使用轮盘赌选择方法,具体实现步骤如下:

（1）根据公式（5.6）计算各染色体的适应度值 Fit_i，$1 \leq i \leq n$。

（2）累计所有染色体的概率 P_i，记录中间累加值 S_i，$S_1 = P_1$，$S_i = S_{i-1} + P_i$。

（3）产生一个随机数 x，$0 \leq x \leq S_n$，其中 $S_n = 1$。

（4）选择染色体，若 $S_{i-1} \leq x \leq S_i$，则拷贝第 i 个染色体进入下一代种群。

（5）重复步骤（3）和（4），当被选个体数达到种群设定规模时，采用精英保留策略，使用上一代最好的个体将本轮最差的个体替换。

4. 交叉算子

交叉算子的基本原理是以一定的概率 P_c 从当前种群中挑出两个或两个以上的个体，并交换这些个体的部分等位基因，从而产生新的染色体。交叉算子是产生新个体的主要方法，体现了遗传算法全局搜索的能力，也是遗传算法的重要特征之一。

交叉算子的设计一般包括两个基本内容：交叉概率的选择和交叉点（cross site）的选择。交叉概率一般选择为常数，依据交叉点的不同，目前实用的交叉算子有：单点交叉（one-point crossover）、两点交叉（two-point crossover）、多点交叉（multi- point crossover）和一致交叉（uniform crossover）等。多点交叉和均匀交叉与单点交叉相比使用了更多的交叉点，这样可以增加搜索空间，但可能破坏较好的染色体模式。因此本章采用单点交叉方法，即首先选择一个随机的自然数 i 为交叉点，其中 $0 \leq i < l$，l 为染色体长度，然后随机选择两条染色体，交换第 i 条基因之后的等位基因，形成新的个体，另外交叉率固定为 1。

5. 变异算子

遗传算法采用变异算子模拟生物进化中的基因突变现象，决定了遗传算法的局部搜索能力，同时增加种群多样性。变异算子一般在交叉算子之后执行，当种群中出现多种相同或高度相近的个体，交叉操作无效，这时会大大影响到遗传算法的收敛速度，甚至不能收敛到全局最优解，而变异算子则能够从种群中已有基因的基础上引入新的基因，增加个体的多样性，有效防止早熟现象的出现。交叉算子和变异算子相互配合，共同完成对搜索空间的全局搜索和局部搜索。

变异算子具体是根据变异概率 P_m 将染色体中的某些基因值用其他基因值来替换，从而形成一个新的个体。根据不同的染色体表示方式，可以选择不同的变异方式，如针对二进制编码中基本位变异，针对整数编码和浮点数编码的变异方式可以更加灵活，如均匀变异、边界变异等。变异概率 P_m 是变异操作中的一个重要参数,一般设为 0.01~0.03。本章采用随机变异策略,即在[0,1]间产生一个随机的浮点数,变异率固定为 0.01。

6. 终止准则

终止准则是用来判断遗传算法停止或继续执行的标准。遗传算法每次循环结束后需要使用该准则进行检查,并决定算法是否停止。常见的终止准则包括世代数、演化时间、适应度阈值、种群收敛等。本章采用固定世代数的方法,在算法迭代次数超过 800 次后终止。

5.4 实验结果与分析

为了验证本书提出的基于硬件多版本探索和划分粒度优化对选择的软硬件划分的可行性,本书使用标准基准测试用例 MediaBench 和 MiBench 进行实验验证。前几章分别估计出了各个测试用例中循环和基本块所用的软硬件信息值,以这些信息值作为本章算法的输入,对遗传算法应用在 PIE 问题上的效果进行验证。

实验环境是 Intel(R) Core(TM)2 Duo CPU2.53GHZ,操作系统是 Centos5.5,内核版本为 2.6.18。采用的开发板为 Xilinx XUP ML509。该开发板上的目标器件为 Xilinx Virtex 5 XC5VLX110T,LUT 资源个数为 69 120,而 DSP48E 模块的个数为 64。本书以 LUT 个数和 DSP48E 个数做为硬件面积约束值。

在 Mediabench 和 Mibench 中,各个测试用例中均含有较多的循环,但并不是所有的循环都适合在硬件上运行,比如有些循环中含有 printf 等 C 语言库函数,这种循环在硬件上运行时则不能够得到加速效果。因此,本章在选定测试用例时,首先对测试用例中的循环进行了预处理,对于确定不能在硬件上运行或加速的循环进行筛选,确保参与划分的所有循环在硬件上都是可运行的。预处理的标准主要是筛选掉含有递归调用、库函数调用、外部系统调用等难于在 FPGA 上实现及运行的操作。

在预处理之后的 Mediabench 和 Mibench 的各个应用程序中,适合在硬件上运行的循环个数是不同的,为了能够对算法进行全面验证,本书选定具有不同数量级循环数的应用程序作为测试用例,选定的是 Mediabench 中的 DJPEG、CJPEG、JM10.2、JM10.2 Decode 四个应用程序,然后以选定的循环和程序中循环外的基本块作为节点,以调用关系为边构建 HCDFG 作为算法的输入,各节点的软件运行时间及软硬件间通信时间通过第 3 章的软件运行代价和软硬件间运行代价的估计算法进行求解,而硬件执行时间/面积采用第 4 章的硬件实现代价的估计模型获取。

为了使不同节点的实验结果具有可比性,对于不同节点数的实验,设定不同的硬件面积约束值。如果设定同样的硬件面积约束值,那么节点数较少的应用程序则可占用的硬件面积较充裕,甚至会出现所有节点都可在硬件上实现,而这样划分,问题则转变为无面积约束求解性能最优,而节点数较多的应用程序则有硬件面积的约束。本书划分的优化目标和约束条件是在满足硬件面积约束的条件下使得系统总体性能最优,因此为每组实验设定了硬件面积约束值,即硬件面积约束值为各个节点最大硬件面积和的 40%。

本书使用 C++实现了 Greg Stitt 提出的 BUB 算法和本章算法。图 5.6 列出了分别使用两种算法的实验结果,对于测试的四个应用程序,本书算法和 BUB 算法在满足硬件面积约束,经过本书算法划分后,整个系统的执行时间 T_P 的值都比经过 BUB 算法后 T_P 的值要小,也就是说在满足硬件面积约束的条件下,本书算法生成的解要优于 BUB 算法。

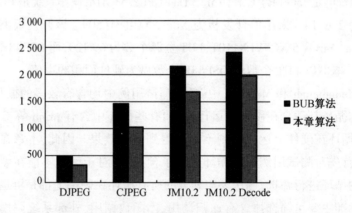

图 5.6　BUB 算法和本章算法的实验比较结果

为了了解本书算法的收敛性,本书做了进一步实验,得到了各个节点的目标函数曲线图,如图 5.7 所示。其中横轴表示算法的迭代次数,纵轴表示目标系统执行时间。

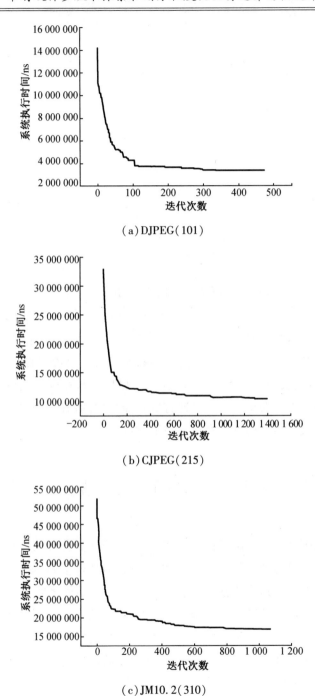

（a）DJPEG（101）

（b）CJPEG（215）

（c）JM10.2（310）

图 5.7　目标函数曲线

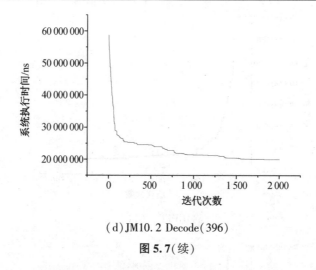

(d) JM10.2 Decode(396)

图 5.7(续)

　　从算法效率上来说,遗传算法要略低于 BUB 算法(主要原因是 BUB 算法实质是贪婪算法,算法复杂度较低),但对本书的划分问题,更重要的是划分解的质量而不是算法效率。对图 5.7 进一步分析发现,在应用程序规模较小时,即输入集的节点数较少时,遗传算法快速收敛,然而对规模较大的应用程序,即节点数目较多时,遗传算法收敛速度开始减慢,目标函数曲线也变得越来越不平滑,迭代过程中,有时会出现无法迅速打破停滞局面的情况,需要经过较长的时间才能达到收敛。本书的下一章将对该情况进行改进。

5.5　本章小结

　　本章对软硬件划分算法进行了研究,在分析现有划分算法和硬件多版本探索方法存在的不足与缺陷的基础上,提出一种带有硬件多版本探索和划分粒度优化再选择的软硬件划分算法。该算法首先对带有硬件多版本探索和划分粒度再选择的软硬件划分模型进行分析,定义了优化目标和约束条件,然后使用遗传算法对划分模型进行了求解,有效地解决了现有软硬件划分算法忽略了面向硬件的编译优化技术的不足,从全局最优性能的角度提高了划分解的质量。

第6章 基于 Q 学习算法的改进软硬件划分算法

6.1 引　　言

上一章使用遗传算法求解了基于硬件多版本探索和划分粒度优化再选择的软硬件划分,从实验中可以看到,在满足硬件面积约束的条件下,遗传算法得到的解要优于贪婪算法,然而随着测试用例规模变大,遗传算法的收敛变得困难。另外,尽管遗传算法本身具有较强的全局搜索能力,但局部搜索能力较弱。因此本章提出一种基于 Q 学习的面向硬件多版本探索的遗传算法,依据硬件的性能、面积矛盾特征,结合 Q 学习算法和贪婪算法,自适应选择每个染色体合适的变异方向,减少变异盲目性,增强遗传算法针对硬件多版本探索的局部搜索能力,以加快算法的收敛速度,更快地找到接近最优解的方案,从而进一步提高软硬件划分解的质量。

本章组织结构如下:首先,对 Q 学习算法的基础理论进行了介绍,然后分析了硬件多版本的性能、面积的关系;其次,在此基础上,提出一种基于改进遗传算法的软硬件划分,主要是利用 Q 学习算法引导遗传算法的变异算子,克服随机变异引起的搜索能力弱的缺陷;最后,在实验部分,针对不同规模的应用程序,对比分析了遗传算法及改进的遗传算法的搜索质量和收敛性。

6.2 相关理论基础

Q 学习算法由 Watkins 于 1989 年提出,是一种普遍采用的强化学习算法。本节首先简要介绍强化学习的基本理论,然后对 Q 学习及 Q 学习算法进行深入介绍。

6.2.1　强化学习的基本理论

在连接主义学习中,把学习算法分为三种类型,即非监督学习(unsupervised learning)、监督学习(supervised learning)和强化学习(reinforcement learning)。所谓强化学习,又称再励学习、评价学习,是指从环境状态到行为映射的方法,以使行为从环境中获得的累积奖赏值最大,是一种以环境反馈作为输入的、特殊的、适应环境的机器学习方法。该方法不像监督学习技术那样通过正例、反例来告知采取何种行为,而是通过试错(trial-and-error)的方法来发现最优行为策略。当将这一学习概念引入到机器人学习以及其他控制系统中时,具有学习能力的机器称为 Agent。

强化学习的基本框架如图 6.1 所示。在学习过程中,Agent 通过感知和行动链接到它所在的环境(environment),并根据当前的状态 s 和输入 r,在动作集中选择一个动作 a 执行。执行动作后环境状态会产生变化,变化的好坏会通过一个奖励信号传递给 Agent。Agent 根据奖励信号和环境当前状态再选择下一个动作。通过不断的试错,Agent 在选择动作时逐渐趋向于得到一个较大的奖励信号。

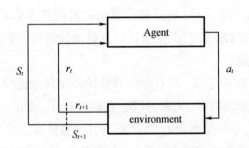

图 6.1　强化学习的基本框架

Agent 和环境的交互是在一系列的离散时间步上进行的,即 $t = 0, 1, 2, \cdots$。在每一个时间步 t 上,Agent 完成从状态到每个可选动作概率的映射,这个映射称作 Agent 的策略(policy),记作 π_t。这里 $\pi(s, a)$ 表示在状态 $s = s_t$ 下,选择动作 $a = a_t$ 的概率。

在强化学习中,Agent 是根据环境的状态进行决策的,这里的状态是指 Agent 可用到的任何环境信息。尽管很多信息对做决策都有帮助,但是状态没有必要向Agent提供所有的环境信息,理想的状态是能够概括以往的信息,且能够保持所有的有用信息。能够保持所有相关信息的状态,被称为具有马尔可夫特性的状态。

满足马尔可夫特性的强化学习称作马尔可夫决策过程,即MDP(markov decision process)。如果状态空间和动作空间是有限的,就叫作有限MDP。MDP可用一个四元组$<S,A,P,R>$来表示,其中S为环境状态集合;A为Agent可执行的动作集合;$P,S×A×S→[0,1]$,为状态转换概率函数,记为$p(s'|s,a)$;$R,S×A→IR$,为奖赏函数(IR为实数集),记为$r(s,a)$。

下面给出强化学习方法中的奖励信号r和值函数的定义及基本理论。

1. 奖励信号

在强化学习系统中,Agent的目标被形式化为一个特定信号,称为奖励信号,它从环境传向Agent。奖励信号不过是一个值$r_t∈R$,它随时间的变化而变化。而Agent的目标是使奖励信号的总和变为最大。丁永生给出了该问题的形式化定义,如下。

假设在时间t之后,Agent收到的奖励信号是$r_{t+1},r_{t+2},r_{t+3},\cdots$,一般来说,需要使目标的期望值达到最大。这里$R$被定义为奖励信号序列的某个特定函数,回报值最简单的形式是所有奖励信号之和,如下所示:

$$R_t = r_{t+1} + r_{t+2} + r_{t+3} + \cdots + r_T \tag{6.1}$$

式中 T——最后一个时间步,此时Agent与环境之间交互得到最终结果。

在许多情况下,环境与Agent的交互并没有分割为明确的阶段,而是无限制地持续下去。这时则需要在回报值中引入折扣,Agent尽力选择一个动作使奖励信号的折扣率综合达到最大,回报值可以表示如下:

$$R_t = r_{t+1} + \gamma r_{t+2} + \gamma^2 r_{t+3} + \cdots = \sum_{k=0}^{\infty} \gamma^k r_{t+k+1} \tag{6.2}$$

式中 γ——一个参数,称为折扣率,$0 \leq \gamma \leq 1$。

折扣率决定将来奖励信号对现在的作用,即k个时间步之后受到的奖励信号对现在的作用是同样大小,则立即接受到信号的γ^{k-1}倍。

在上述描述中介绍了两种强化学习任务,一种是Agent与环境的相互作用可以被划分为一系列的离散阶段,即阶段任务;另一种是不能被分割成离散阶段,即持续任务。下面介绍对阶段任务和持续任务都适用的公式。阶段任务和持续任务具有不同时结束状态,因此这里需要将两种任务统一起来,即将一个

阶段的结束状态认为是一个特定的吸收状态,在此状态下,它只能转移到自身状态,且奖励信号为 0。回报值的一般形式如下:

$$R_t = \sum_{k=0}^{T} \gamma^k r_{t+k+1} \tag{6.3}$$

2. 值函数

几乎所有的强化学习算法都是建立在值函数估算的基础上的。值函数通常用状态的值函数或状态-动作对的值函数表达,通过它可以估算 Agent 在给定状态下的好坏(或给定状态下执行某个动作的好坏)。好坏的标准是通过将来奖励信号的期望值、精确值或回报值的期望值来定义的。当然,Agent 将来得到的奖励信号取决于它所采取的动作。因此值函数要根据某个特定的策略来确定。

策略 π 是从状态 $s \in S$ 和动作 $a \in A(s)$ 到概率 $\pi(s, a)$ 的映射。$\pi(s, a)$ 表示状态 s 下采取动作 a 的概率。r 的值是从状态 s 出发,在采取策略 π 时所得到的期望回报值。根据 MDP,期望回报值可以定义为

$$V^\pi(s_t) = E_\pi\{R_t \,|\, s_t = s\} = E_\pi\left\{\sum_{k=0}^{\infty} \gamma^k r_{t+k+1} \,\Big|\, s_t = s\right\} \tag{6.4}$$

式中　γ——折扣率;

　　　r_{t+1}——Agent 从环境状态 s_t 到 s_{t+1} 转移后所获得的奖赏值,其值可以为正、负或零。

同样可以定义在状态 s 和 π 策略下采取动作 a 的值。用 $Q^\pi(s, a)$ 表示根据策略 π 从 s 状态下出发,采用动作 a 的期望回报值,公式如下:

$$Q^\pi(s, a) = E_\pi\{R_t \,|\, s_t = s, a_t = a\} = E_\pi\left\{\sum_{k=0}^{\infty} \gamma^k r_{t+k+1} \,\Big|\, s_t = s, a_t = a\right\} \tag{6.5}$$

式中　Q^π——策略的动作值函数。

6.2.2　Q 学习的基本算法

Q 学习是瓦特金斯(Waktins)于 1989 年提出的一种无须环境模型的基于瞬时策略的增强学习形式,它是根据 Agent 在马尔可夫环境中经历的动作序列执行最优动作的一种学习能力。Q 学习算法实际是 MDP 的一种变化形式。

在 Q 学习中,Agent 的目标不只是最大化当前状态的立即奖赏,而是最大化将来某一段时间上它所获得的累计奖赏,即决定一个最优策略,使得总的折扣

奖励信号期望值最大。张汝波等给出了最优策略的定义,如下。

对于一个有限的 MDP,在所有状态下,如果一个策略 π 的期望回报值都大于等于 π' 的期望回报值,那么策略 π 要比策略 π' 好。该定义的形式化描述为,只要对于所有状态 $s \in S$ 都有 $V^{\pi}(s) \geqslant V^{\pi'}(s)$,那么策略 $\pi \geqslant \pi'$。一般来说,至少有一种策略要优于或等于其他的策略,那么这个策略就叫作最优策略,记作 π^*。最优策略的值函数称作最优值函数,记作 V^*,定义如下:

$$V^*(s) = \max_{\pi} V^{\pi}(s) \quad \forall s \in S \tag{6.6}$$

最优策略对于状态-动作对 (s,a) 也同样有最优值函数,记作 Q^*,计算公式如下:

$$Q^*(s) = \max_{\pi} Q^{\pi}(s) \quad \forall s \in S \tag{6.7}$$

一个 Agent 在任意的环境中直接学习最优策略 $\pi^*:S \rightarrow A$ 是很困难的,比较容易的方法是学习一个定义在状态和动作上的值函数,然后以此值函数的形式实现最优策略。学习 Q 函数的关键在于找到一个可靠的方法,只在时间轴上展开的立即回报序列的基础上估计训练值,可通过迭代逼近的方法完成。为理解这一过程,首先根据式(6.5)、式(6.6)给出 Q 和 V^* 之间的密切联系,公式如下:

$$V^*(s) = \max_{a'} Q(s,a') \tag{6.8}$$

根据式(6.8),Q 函数的形式可改写为

$$Q(s,a) = r(s,a) + \gamma \max_{a'} Q[\delta(s,a),a'] \tag{6.9}$$

式(6.9)的递归定义提供了迭代逼近 Q 算法的基础。在此算法中,Agent 通过一个大表表示 Q 函数的估计,其中对每一个状态-动作对有一表项。状态-动作对的表项中存储了 $Q(s,a)$ 的值。此表可被初始填充为随机数(当然,如果认为是全 0 的初始值更易于理解)。Agent 重复地观察其当前的状态 s,选择其动作 a,执行此动作,然后观察结果回报 $r = r(s,a)$ 以及新状态 $s' = \delta(s,a)$。最后,Agent 遵循每个这样的转换更新 $Q(s,a)$ 的表项,按照下列规则:

$$Q(s,a) \leftarrow r + \gamma \max_{a'} Q(s',a') \tag{6.10}$$

Q 学习算法的一般步骤如下。

步骤1:初始化。以随机或某种策略方式初始化所有的 $Q(s,a)$ 为 0,选择一个状态作为环境的初始状态。

步骤2:循环以下步骤,直到满足结束条件。

（1）观察当前环境状态，设为 s。

（2）利用 Q 表选择一个动作 a，使 a 对应的 $Q(s,a)$ 最大。

（3）执行该动作 a。

（4）设 r 为在状态 s 执行完动作 a 后所获得的立即回报。

（5）观察新状态 s'。

（6）根据式（6.10）更新 $Q(s,a)$ 的值，同时进入下一个状态 $s' = T(s,a)$。

6.3 基于 Q 学习算法的改进软硬件划分算法的设计

作为一种智能搜索算法，遗传算法所依赖的基本遗传算子使其具有其他算法没有的鲁棒性、自适应性和全局优化性。通过上一章的实验可知，将遗传算法应用到软硬件划分问题中得到了较好的全局优化解，而对 GA 求解软硬件划分问题的效果进行进一步的实验发现，如上一章的实验部分的目标曲线图所示，随着种群规模的增加，遗传算法在求解软硬件划分问题时出现了不能迅速打破停滞局面的情况，收敛速度减慢。针对这种情况，本节对遗传算法的各个遗传算子进行讨论，并对遗传算法求解软硬件划分问题时收敛速度减慢的情况进行改善。

在遗传算法中，收敛性与其各个选择算子的设定有关系，其中变异算子是决定算法局部搜索能力的主要依靠，而在标准遗传算法中变异算子通常采取随机变异的原则。这种变异原则容易对优秀的染色体模式造成破坏，从而产生较差的个体，不容易在当前解附近找到更优的解，进而导致收敛速度减慢。而贪婪算法是一种常见的局部搜索算法，其优点是能够在很短的时间内得到局部最优解。那么，如果使用贪婪算法代替变异算子的随机变异原则，能够更容易地在当前解附近利用局部搜索的方式得到更好的解。在这种思想的引导下，本节使用贪婪算法对遗传算法的变异算子进行改进。

将上述改进思想应用到软硬件划分问题中，需要充分考虑到软硬件划分问题中的优化目标和约束条件，即在满足硬件面积的约束条件下，提高系统的整体性能。而众所周知的是，硬件面积和性能关系的特征，即在硬件面积较小的情况下，当增加硬件面积时，该任务的性能得到提升。在这种特征的引导下，遗传算法的变异算子可以选择两种变异方向,一种是当交叉后的染色体耗用的面积较少时,则可在满足面积约束的条件下,可使其向增加面积,提高该染色体性能的方向变异;另一种是对于交叉后的染色体耗用的面积超过面积约束条件时,则可将其向减少面积,降低性能的方向变异。通过这样的方式变异,增加种群的多样性染色体能够以较大的概率向更优秀的方向进化,使算法快速收敛。

除了变异的方向,还需要考虑的问题是,遗传算法的染色体的数量巨大,每条染色体都存在若干可供选择的贪婪规则,而选择不恰当的贪婪规则,会导致染色体向更差的方向变异。同时由于染色体状态较多,很难依靠人工对每条染色体指定合适的规则。如何让其自适应选择不同的变异方向？本书采取的方法是让算法在程序运行过程中为各染色体自适应地选择合适变异方向,即引入强化学习中的 Q 学习算法到变异算子中。

综上所述,本节提出一种基于 Q 学习的面向硬件多版本探索的遗传算法,依据硬件的性能、面积矛盾特征,结合 Q 学习算法和贪婪算法,自适应选择每个染色体合适的变异方向,减少变异盲目性,增强遗传算法针对硬件多版本探索的局部搜索能力,以加快算法的收敛速度,更快地找到接近全局最优解的方案。

6.3.1　改进算法流程

本节利用 Q 学习算法对遗传算法中的变异算子进行改进,其中 Q 学习算法中的动作集采用贪婪规则。与上一章的标准遗传算法类似,改进算法的流程第一步是初始种群,在初始种群的同时,初始化 $Q(s,a)$ 表,定义状态集及动作集,然后进行遗传算法的遗传算子,包括选择算子、交叉算子和变异算子,其中选择算子和交叉算子采用上一章同样的操作,分别是轮盘赌选择算子和单点交叉算子。变异算子是本章的改进重点,采用 Q 学习算法完成,具体步骤如下。

(1)对于每一个染色体,根据状态集的定义,计算交叉算子后每个染色体的状态 s_t。

(2)根据染色体的状态值 s_t,从当前 Q 表中得到其 Q 值及动作集 A_{st}。

(3)根据 softmax 策略计算动作集 A_{st} 中每个动作的选择概率,并选择动作 a_p 为当前动作 a_t。

(4)染色体执行当前动作 a_t 后,转移到下一个状态 s_{t+1},同时染色体接收到当前环境反馈的立即奖赏值 r。

(5)根据 Q 值更新公式(6.10),根据立即奖赏值 r 对当前 Q 表进行更新。

基于 Q 学习算法的改进软硬件划分算法的流程如图 6.2 所示。

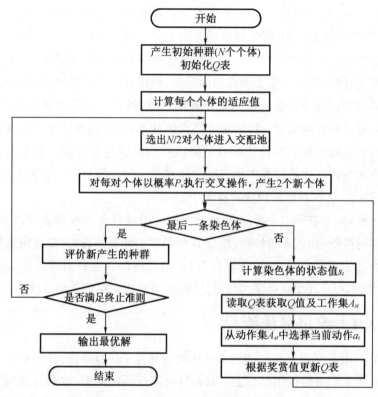

图 6.2 基于 Q 学习算法的改进软硬件划分算法的流程

6.3.2 算法描述

本节主要讨论变异部分的区别,即将随机变异替换为 Q 学习算法。下面首先定义 Q 学习算法的状态集、动作集、立即回报等条件。

1. 定义状态集

状态集的定义分为两部分,一部分是状态的定义,另一部分是状态的分类。首先是状态的定义,针对本书的优化目标和约束条件,即在满足硬件面积的约束限制下,使得系统整体性能最优,需要根据实际使用的硬件面积、硬件面积的约束值、系统划分后的整体性能及划分前系统的整体性能等信息来确定 Q 学习中的状态。而从上一章的算法中可知,遗传算法中适应度函数的定义包含了优化目标和约束条件相关的各个信息,因此在本章算法中选定上一章定义适应度函数中带有惩罚项的整体执行代价函数 $f(x)$,以及划分前整个系统的整体执行时间代价的比值来定义染色体状态,其形式化定义如下:

$$f_{per} = \frac{f(x)}{f_0} \tag{6.11}$$

式中 f_0 ——划分前系统的整体执行时间。

在染色体状态分类时,本书根据 f_{per} 的区间进行分类。当 $f_{per} > 1$ 时,划分没有带来性能改进,这种情况下的染色体可能与最优解比较接近,允许保留少量染色体进入下一代,但是这些染色体不符合划分的目标要求,因此在染色体状态分类时对这种情况不细化讨论;而当 f_{per} 在 0 与 1 之间时,无法预知最优解在哪个区间,因此对这个范围的染色体进行细致分类。

综上,当 $f_{per} > 1$ 时,状态区间主要分为 $[0-0.01)$, $[0.01-0.02)$, $\cdots$, $[0.99-1.00)$ 几个区间;当 $0 < f_{per} \leqslant 1$ 时,状态分为 $[1.00-1.10)$, $[1.10-1.20)$, $\cdots$, $[1.90, 2.00)$, $[2.00-\infty)$ 几个类别。

2.定义动作集

为了提高遗传算法的局部搜索能力,在定义动作集时,选定使用局部搜索能力较强的贪婪算法来完成。根据本书划分问题的优化目标和约束条件,在满足硬件面积的约束条件下,提高系统的整体性能,而当循环在硬件上执行时,其消耗的硬件面积及硬件执行时间一般遵循图6.3的关系。

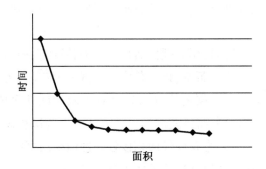

图 6.3 硬件多版本的时间-面积关系

图6.3中横轴表示硬件版本的硬件面积,纵轴表示硬件版本消耗的时间,点表示一个循环采用不同硬件版本产生的节点。从图中可以看出,在占用硬件

面积较少时,随着硬件面积的提升,消耗的时间则逐渐减少。根据这种硬件面积和性能关系的特征,对不同的染色体状态采取不同的策略进行改善,即当某染色体占用硬件面积较小时,则采用增加性能的方向进行进化;而当染色体占用硬件面积较大时,则向硬件面积减少的方向进化。在进化的过程中,提高性能和减少面积采用的是贪婪准则,在定义各个贪婪规则之前,首先给出提高性能和减少面积的形式化描述。

(1)提高性能

设一个循环有 n 种硬件实现方式,硬件执行时间分别为 $t_1, t_2, \cdots, t_i, \cdots, t_j, \cdots, t_n$, $t_i < t_j$,则提高性能的计算公式如下:

$$\Delta T = t_i - t_j \qquad 0 \leq i \neq j \leq n \tag{6.12}$$

(2)减少面积

设循环有 n 种硬件实现方式,消耗的硬件面积分别为 $a_0, a_1, \cdots, a_i, \cdots, a_j, \cdots, a_n, a_i < a_j$,则减少面积公式如下:

$$\Delta A = a_i - a_j \qquad 0 \leq i \neq j \leq n \tag{6.13}$$

在上述定义的基础上,本书采用贪婪规则对动作集进行定义,动作集中包含四种动作,分别如下。

动作①和动作②是对染色体上的每个基因都进行变异。

动作①在当前染色体耗用的硬件面积较少的情况下,遍历染色体上的每个基因,用执行时间最快的硬件版本与当前软件或者硬件实现方式进行比较,并根据公式(6.12)计算出性能提高的绝对时间差,选择出时间差最大的基因,并将该基因替换为执行时间最快的硬件版本。反复执行该动作,直到硬件面积接近硬件面积约束值。

动作②在当前染色体耗用的硬件面积较大的情况下,遍历染色体上的每个基因,使用硬件面积最小的版本(即软件实现方式)与该基因表示的软件或者硬件实现方式进行比较,并根据公式(6.13)计算出减少硬件面积的绝对差值,并选择出差值最大的基因,并将该基因的实现方式替换为减少硬件面积最大的硬件版本;反复执行该动作,直到硬件面积接近硬件面积约束值。

动作③和动作④是随机选择染色体进行变异。

动作③在当前染色体耗用硬件面积较小的情况下,对于染色体上的每个基因,首先根据性能对该基因的各个实现方式进行排序,然后随机选择染色体上的某个基因,并将该基因的实现方式变异为其实现方式序列中的性能较大的硬件实现方式。

动作④在当前染色体耗用硬件面积较大的情况下,对于染色体上的每个基因,首先根据硬件面积对该基因的各个实现方式进行排序,然后随机选择染色体上的某个基因,并将该基因的实现方式变异为其实现方式序列中的硬件面积较小的硬件实现方式。

3. 动作选择策略

在设定好的动作集中,选择一种合适的动作也是非常关键的。目前常用的动作选择策略是 ε-greedy 策略或 softmax 策略。ε-greedy 策略就是 Agent 选择动作时,以很大的概率 $1-\varepsilon$ 选择当前 Q 值最高的动作,而以小概率 ε 选择其他动作,选择其他动作时,各个动作的选择概率是一样的。而 softmax 策略则是根据各个状态的 Q 值占总 Q 值的比例来选择动作。在本算法的学习过程中使用 softmax 策略对动作进行选择。设染色体在状态 s_t 下,状态-动作对的 Q 值为 $Q(s_t, a_t)$,状态 s_t 下动作集为 A,则选择动作概率如下:

$$p(a_t) = \frac{\exp[Q(s_t, a_t)]}{\sum\limits_{a_i \in A} \exp[Q(s_t, a_i)]} \tag{6.14}$$

4. 奖赏值 r

奖赏值 r 的取值有多种形式:一种是介于 $[-1,1]$ 区间的多个离散值,分段表示成功或失败的程度;还有一种是介于 $[-1,1]$ 之间的实数连续值。本书采用离散值的取值方式,$r \in \{-1,1\}$,将染色体经过动作后的适应度值与之前的适应度值进行比较,当执行动作后的适应度值高时,则将 r 设为 1;而当适应度值无变化或者降低时,则 r 设为 -1。

6.4　实验结果与分析

本章实验环境与前一章实验环境相同,比较本章提出的改进算法与上一章采用的标准遗传算法性能的优劣,选择 TMNDEC、TMN、DJPEG、CJPEG、JM10.2、JM10.2 Decode 六个应用程序的 HCDFG 作为输入。

图 6.4 列出了本章算法与上一章采用的标准遗传算法及 BUB 算法的部分实验结果,其中除变异部分外本章算法均与上一章算法设置相同。从图中可以

看出,本章算法的搜索质量要优于标准遗传算法,本章算法执行时间要好于上一章采用的标准遗传算法的划分算法。

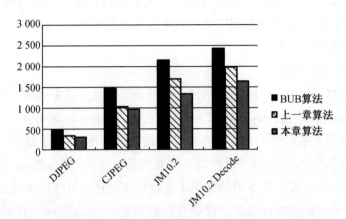

图 6.4　标准遗传算法与改进遗传算法及 BUB 算法的实验比较结果

从上一章实验结果可以看出,使用标准遗传算法求解带有硬件多版本探索的软硬件划分问题时,当应用程序规模较大时,算法会出现收敛性差的缺点。为了验证本章算法是否有收敛性,本书做了目标函数曲线的实验,如图 6.5 所示,其中横轴表示算法迭代次数,纵轴表示目标系统运行时间。从图中可以看出,本章算法的运算结果在收敛速度和解的质量方面都明显优于上一章算法,本章算法能够较好地克服早熟现象,较快速达到收敛。

为比较本章算法与上一章算法的稳定性,以 DJPEG 为例,重复实验 20 次,得到本章算法与上一章算法的目标函数曲线图,如图 6.6(a)和图 6.6(b)所示。从图中可以看出,经过重复实验得到的函数曲线中,上一章算法得到的划分结果相对分散,本章算法得到的划分结果大多集中在平均值附近,因此本章算法要比上一章采用的标准遗传算法的稳定性好。

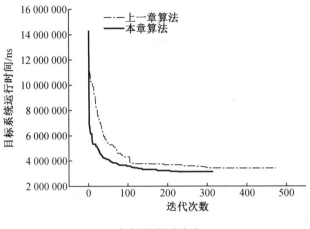

（a）DJPEG(101)

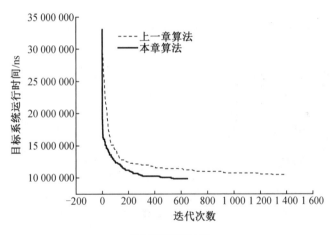

（b）CJPEG(215)

图 6.5　本章算法与上一章算法的函数曲线图

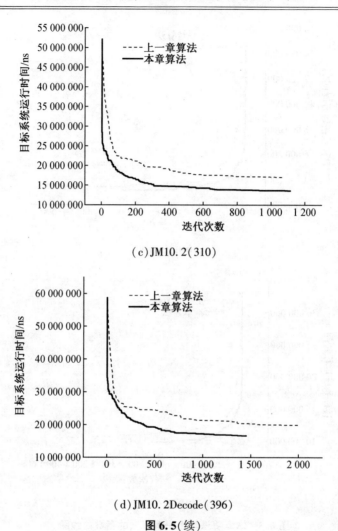

(c) JM10.2(310)

(d) JM10.2Decode(396)

图 6.5(续)

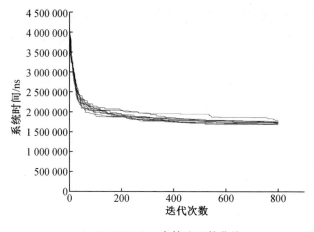

（a）DJPEG 上一章算法函数曲线

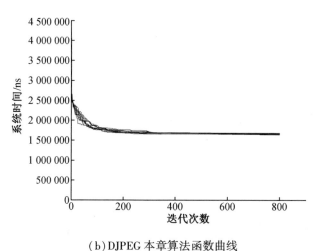

（b）DJPEG 本章算法函数曲线

图 6.6　重复 20 次实验函数曲线

6.5　本 章 小 结

　　本章对提高遗传算法局部搜索能力的方法进行了研究,分析了现有遗传算法在求解软硬件划分问题时的不足,提出了一种基于 Q 学习的面向硬件多版本探索的遗传算法。该算法首先对强化学习的基本理论、Q 学习算法进行分析,介绍循环的各个硬件多版本之间的性能/面积的矛盾特征,根据这两方面的因素,使用 Q 学习算法和贪婪算法改进遗传算法的变异算子。实验结果表明,与上一章的遗传算法进行比较,本章的划分算法在搜索质量和稳定性方面都有良好的效果。

结　　论

　　基于 FPGA 的可重构计算系统兼顾通用处理器 GPP 的灵活性和 FPGA 的高效性,采用高效率的软硬件划分将应用所需完成的功能有效地分配到 GPP 和 FPGA 上,可以使两种运算部件发挥各自计算模式的优势。因此,对软硬件划分的研究正逐渐成为可重构计算系统设计的研究热点之一。到目前为止,软硬件划分的研究已经取得了一些成果,但仍存在许多亟待解决的问题。在前人工作的基础上,本书以基于 CPU/FPGA 可重构加速系统为目标系统结构,以系统整体性能作为优化目标,以 FPGA 面积作为约束条件,定义了一种基于 CPU/FPGA 可重构加速系统的软硬件划分框架,以此框架为基础,进一步研究了框架中软硬件划分中性能、面积等软硬件运行或实现代价的估计算法,划分粒度的优化选择及软硬件划分算法等关键技术,取得了以下的研究成果。

　　(1)通过分析程序特征获取软件执行时间和软硬件通信开销是软硬件划分初期阶段的关键问题。本书对循环级程序特征分析方法进行了研究,提出了一种基于 edge profiling 的循环运行时信息分析算法,并在 ASCRA 编译器上实现了整个算法,有效地解决了现有算法难以全面及精确地分析程序循环特征的问题,对基于 FPGA 的可重构系统中自动软硬件划分提供了精确的依据信息。

　　(2)在可重构计算系统高层次设计方法中,采用估计技术(estimation technique)获取硬件实现及执行时信息是软硬件划分初期阶段的另一个关键问题。本书对面向高层次硬件延时以及硬件面积的估计算法进行了研究,提出一种高层次硬件执行时间/面积估计算法。该算法在一定程度上解决了现有估计算法局限于专门工具链或特定 FPGA 器件的问题,同时可以为软硬件划分中硬件多版本设计空间探索提供了必要的信息。

　　(3)软硬件划分算法是软硬件划分的核心问题。本书对寻找全局优化解的软硬件划分算法设计方法进行了研究,提出了一种带有硬件多版本探索和划分粒度优化再选择的软硬件划分算法,采用以浮点数编码的遗传算法在求解软硬件划分问题的同时,完成硬件多版本的探索和划分粒度的优化再选择,有效地解决了现有软硬件划分算法忽略了面向硬件的编译优化技术的问题,从全局最优性能的角度提高了划分解的质量。

(4)在采用遗传算法进行寻找全局优化解的软硬件划分中,遗传算法的局部搜索能力是提高划分质量的关键问题。本书对提高遗传算法局部搜索能力的方法进行了研究,提出一种基于 Q 学习和遗传算法的面向硬件多版本探索的软硬件划分算法,增强了遗传算法针对硬件多版本探索的局部搜索能力,提高了遗传算法的收敛速度,且进一步提高了软硬件划分解的质量。

尽管本书在软硬件划分的关键问题等方面进行了研究并取得了一些成果,但是限于著者的水平,也发现了诸多问题还有待于更深入的研究和探讨。著者认为软硬件划分的进一步研究可以围绕以下几个方面展开。

(1)硬件面积的估计是软硬件划分中的关键问题,估计结果的精确性直接影响到划分结果。硬件面积的估计需要估计基本元件和专用元件的使用量,但是目前专用元件无法完全被使用到。因此,如何使专用元件 DSP 被更有效地使用,并把这一特征整合到硬件面积估计中是今后需要进一步努力的方向。

(2)硬件延时一般包括逻辑延时和布线延时,其中布线延时本书设定为常数,并通过本书提出的反馈估计框架修正常数值。对于布线延时的详细取值未展开深入的研究。而硬件延时的估计对于指导软硬件划分算法有着非常重要的作用,因此如何对硬件布线延时进行有效地估计,进而去指导软硬件划分是今后需要进一步研究的方向。

(3)研究软硬件划分的目的是希望将其应用于可重构加速、数字信号处理、高性能计算等应用领域。软硬件划分具有广阔的应用前景,加强软硬件划分在相关领域的研究,更加充分地发挥软硬件划分的应用价值,也是需要进一步努力的方向。

参 考 文 献

[1]   ESTRIN G, BUSSELL B, TURN R, et al. Parallel processing in a restructurable computer system[J]. Electronic Computers, IEEE Trans, 1963(12):747−755.

[2]   COMPTON K, HAUCK S. Reconfigurable computing: a survey of systems and software[J]. ACM Computing Surveys (csuR), 2002, 34(2):171−210.

[3]   魏少军, 刘雷波, 尹首一. 可重构计算处理器技术[J]. 中国科学(信息科学), 2012, 42(12):1559−1576.

[4]   沃尔夫. 基于 FPGA 的系统设计[M]. 闫敬文, 等译. 北京: 机械工业出版社, 2006.

[5]   萨斯, 施密特. FPGA 嵌入式系统设计原理与实践[M]. 李杨, 译. 北京: 清华大学出版社, 2012.

[6]   WAINGOLD E, TAYLOR M, SRIKRISHNA D, et al. Baring it all to software: raw machines[J]. Computer, 1997(30):86−93.

[7]   ATHANAS P M, SILVERMAN H F. Processor reconfiguration through instructionset metamorphosis[J]. Computer, 1993(26):11−18.

[8]   PAGE. Constructing hardware-software systems from a single description[J]. Journal of VLSI Signal Processing, 1996(12):87−107.

[9]   ALPERT C J, KAHNG A B. Recent directions in netlist partitioning: a survey, integration[J]. The VLSI Journal, 1995(19):1−81.

[10]   KASTNER R, KAPLAN A, SARRAFZADEH M. Synthesis techniques and optimizations for reconfigurable systems [M]. Berlin: Springer, 2003.

[11]   THOMAS D E, ADAMS J K, SCHMIT H. A model and methodology for hardware-software codesign[J]. IEEE Design & Test of Computers, 1993, 10(4):6−15.

[12]   KALAVADE, LEE E A. A hardware-software codesign methodology for DSP applications[J]. IEEE Design & Test of Computers, 1993, 10(4):16−28.

[13] KALAVADE, LEE E A. The extended partitioning problem: hardware/ software mapping, scheduling, and implementation-bin selection[J]. Design Automation for Embedded Systems,1997(2):125-163.

[14] ERNST R,JÖRG H. Hardware-software cosynthesis for microcontrollers[J]. IEEE Design & Test of Computers,1993,10(4):64-75.

[15] VAHID F,THUY D L. Extending the Kernighan/Lin heuristic for hardware and software functional partitioning[J]. Design Automation for Embedded Systems,1997,2(2):237-261.

[16] KASTNER R,ADAM K,MAJID S. Synthesis techniques and optimizations for reconfigurable systems[M]. Berlin:Springer,2003.

[17] ALESSANDRO B, FORNACIARI W, SCIUTO D. Co-synthesis and co-simulation of control-dominated embedded systems[J]. Design Automation for Embedded Systems,1996,1(3):257-289.

[18] CAMPOSANO R, WILBERG J. Embedded system design[J]. Design Automation for Embedded Systems,1996(1):5-50.

[19] CHIODO M,ENGELS D,GIUSTO P,et al. A case study in computer-aided co-design of embedded controllers[J]. Design Automation for Embedded Systems,1996(1):51-67.

[20] 米歇尔. 机器学习[M]. 曾华军,张银奎,等译. 北京:机械工业出版社,2003.

[21] 彭艺频. 面向多媒体应用的软硬件划分算法研究[D]. 南京:东南大学,2005.

[22] 罗莉,夏军,何鸿君,等. 一种有效的面向多目标软硬件划分的遗传算法[J]. 计算机科学,2010(12):275-279.

[23] 刘晓华,朱智林. 一种基于数据流图的软硬件划分背包算法[J]. 烟台大学学报(自然科学与工程版),2011,24(3):214-217,222.

[24] DE MICHELI G. Synthesis and optimization of digital circuits[M]. New York:McGraw-Hill,1994.

[25] 郭天天. 嵌入式系统软硬件划分技术研究[D]. 长沙:中国人民解放军国防科技大学,2006.

[26] JIGANG W,SRIKANTHAN T,CHEN G. Algorithmic aspects of hardware/

software partitioning：1D search algorithms ［J］. Computers，IEEE Transactions on,2010,59(4):532-544.

[27] 熊志辉,李思昆,陈吉华.遗传算法与蚂蚁算法动态融合的软硬件划分[J].软件学报,2005,16(4):23-32.

[28] 刘安,冯金富,梁晓龙,等.基于遗传粒子群优化的嵌入式系统软硬件划分算法[J].计算机辅助设计与图形学学报,2010,22(6):927-933,942.

[29] 邢冀鹏,邹雪城,刘政林,等.一种基于改进模拟退火算法的软硬件划分技术[J].微电子学与计算机,2006,23(5):31-33,37.

[30] 邢冀鹏,邹雪城,刘政林,等.K均值聚类和模拟退火融合的软硬件划分[J].计算机工程与应用,2006,42(16):61.

[31] 丁永生.计算智能:理论、技术与应用[M].北京:科学出版社,2004.

[32] LYSECKY R,VAHID F. A configurable logic architecture for dynamic hardware/software partitioning［C］. Proceedings of the Design Automation and Test in Europe Conference and Exhibition,2004,1:480-485.

[33] 吴强,王云峰,边计年,等.软硬件划分中基于一种新的层次化控制数据流图的粒度变换[J].计算机辅助设计与图形学学报,2005,17(3):387-393.

[34] PURNA,KARTHIKEYA M G,BHATIA D. Temporal partitioning and scheduling data flow graphs for reconfigurable computers［J］. Computers, IEEE Transactions,1999,48(6):579-590.

[35] 桑胜田.基于相关性的SoC软硬件划分技术研究[D].哈尔滨:哈尔滨工业大学,2010.

[36] CONTE T M,PATEL B A,MENEZES K N,et al. Hardware-based profiling: an effective technique for profile-driven optimization ［J］. International Journal of Parallel Programming,1996,24(2):187-206.

[37] SRINIVASAN V,GOVINDARAJAN S,VEMURI R. Fine-grained and coarse-grained behavioral partitioning with effective utilization of memory and design space exploration for multi-FPGA architectures[J]. Very Large Scale Integration (VLSI) Systems,IEEE Transactions,2001,9(1):140-158.

[38] DOU Y,LU X C. LEAP:a data driven loop engine on array processor[C]// Advanced Parallel Processing Technologies. Berlin:Springer,2003.

[39] 陈桂茸.基于SUIF2的C程序循环特征分析技术研究与实现[D].长沙:

中国人民解放军国防科技大学,2006.

[40] WALDSPURGER,WEIHL E W,CHRYSOS G. ProfileMe:hardware support for instruction-level profiling on out-of-order processors[C]//Proceedings of the 30th annual ACM/IEEE international symposium on Microarchitecture. IEEE Computer Society,1997.

[41] 陈永然,窦文华,钱悦,等.基于系统抽样的并行程序性能特征分析方法及其实现[J].计算机研究与发展,2007,44(10):1694-1701.

[42] VILLARREAL J, SURESH D, STITT G, et al. Improving software performance with configurable logic[J]. Design Automation for Embedded Systems,2002,7(4):325-339.

[43] BERUBE P, PREUSS A, AMARAL J N. Com-bined profiling:practical collection of feedback informa-tion for code optimization[C]//Proc. of the second joint WOSP/SIPEW international conference on Performance engineering. New York:ACM Press,2011.

[44] 董希谦,张兆庆.编译器中的 edge profiling 的设计和实现[J].计算机科学,2003,30(1):46-48.

[45] 沈英哲,周学海.一种编译时估计基本块在可重构器件上运行时间的方法[J].小型微型计算机系统,2007,28(8):1496-1501.

[46] 白中英.计算机组成与体系结构[M].北京:科学出版社,2006.

[47] 杨敏.面向异构细粒度可重构系统的循环流水编译技术研究[D].哈尔滨:哈尔滨工程大学,2011.

[48] WOLF W. A decade of hardware/software codesign[J]. Computer,2003,36(4):38-43.

[49] 周雁.基于遗传和粒子群优化算法的软硬件划分算法研究[D].上海:华东师范大学,2011.

[50] 肖平,徐成,杨志邦,等.基于改进模拟退火算法的软硬件划分[J].计算机应用,2011,31(7):1797-1799,1803.

[51] 马天义.低功耗软硬件划分算法研究[D].哈尔滨:哈尔滨工业大学,2009.

[52] KURRA S, SINGH N K, PANDA P R. The impact of loop unrolling on controller delay in high level synthesis[C]//Design, Automation & Test in

Europe Conference & Exhibition,2007. DATE'07. IEEE,2007.

[53] 王春玲.流水线技术在基于 FPGA 的 DSP 运算中的应用研究[J].电子技术,2009,36(6):62-64.

[54] 蒋艳凰,赵强利.机器学习方法[M].北京:电子工业出版社,2009.

[55] 张汝波,顾国昌,刘照德,等.强化学习理论、算法及应用[J].控制理论与应用,2000,17(5):637-642.

攻读博士学位期间发表的论文和取得的科研成果

已发表和已录用的论文

[1] NIU X X, WU Y X, ZHANG B W, et al. Rapid FPGA-based delay estimation for the hardware/software partitioning [J]. Journal of Networks, 2013, 8(5): 1183-1190.

[2] 牛晓霞, 吴艳霞, 朱若平, 等. 基于多种硬件实现方式探索的软硬件划分算法 [J]. 吉林大学学报(工学版), 2014(4): 1088-1093.

[3] NIU X X, WU Y X, ZHANG B W, et al. Auto estimation model of FPGA based delay for the hardware software partitioning [J]. Journal of Computational Information System, 2013, 9(17): 6767-6774.

[4] 牛晓霞, 吴艳霞, 顾国昌, 等. 基于 edge profiling 的循环运行时信息分析方法 [J]. 计算机工程与应用, 2012(29): 8-12, 50.

[5] NIU X X, WU Y X, ZHANG B W, et al. Improved FPGA-based area estimation method for hardware/software partitioning [J]. Journal of Convergence Information Technology, 2013, 8(4): 636-643.

[6] WU Y X, GU G C, SUN Y T, et al. Application-Specific compiler for reconfigurable architecture ASCRA [J]. 计算机科学与探索, 2011(3): 267-279.

[7] 郭振华, 吴艳霞, 张国印, 等. 一种改进 ASAP 调度的流水线自动划分算法 [C]//2012 全国计算机体系结构学术年会. 计算机科学, 2012.

发明专利

[1] 吴艳霞, 顾国昌, 孙延腾, 等. 一种面向计数类循环的 C-to-VHDL 映射方法及映射装置: 201010032424.8 [P]. 2010-06-02.

参与的科研项目

国家自然科学基金项目（编号：61003036）；中央高校基本科研业务费专项基金（编号：HEUCF100606）；黑龙江省青年科学基金（编号：QC2010049）资助项目：面向基于 FPGA 的细粒度可重构混合系统的编译技术研究。